本书的出版得到了国家自然科学基金的支持
（基金项目号：31370848）

数值计算理论与实现

陈长军

华中科技大学出版社
中国·武汉

内 容 提 要

本书介绍了数值计算的基本思路与方法,内容涵盖了非线性方程求根、线性方程组求解、矩阵本征值、插值与拟合、数值微分和积分以及常微分方程等方面。全书结构完整,叙述详细,读者阅读本书可以全面了解数值计算基础理论。另外,书中还穿插讲解了大量的算法实现程序代码,这些程序代码由作者在多年教学过程中积累而来,作者力求兼顾这些程序代码的执行效率和可阅读性,这些代码都依章节整合起来,非常方便调试,它们可以帮助读者学以致用,快速掌握现代计算方法。

图书在版编目(CIP)数据

数值计算理论与实现/陈长军. —武汉:华中科技大学出版社,2014.5
ISBN 978-7-5680-0053-6

Ⅰ.①数⋯ Ⅱ.①陈⋯ Ⅲ.①数值计算-高等学校-教材 Ⅳ.①O241

中国版本图书馆 CIP 数据核字(2014)第 100694 号

数值计算理论与实现   陈长军

策划编辑:周芬娜
责任编辑:余　涛
封面设计:潘　群
责任校对:封力煊
责任监印:周治超
出版发行:华中科技大学出版社(中国·武汉)

    武昌喻家山　　邮编:430074　　电话:(027)81321915

录　　排:武汉市洪山区佳年华文印部
印　　刷:华中理工大学印刷厂
开　　本:710mm×1000mm　1/16
印　　张:11.75
字　　数:250 千字
版　　次:2014 年 9 月第 1 版第 1 次印刷
定　　价:25.00 元

前　言

　　数值计算方法是一门伴随着计算机技术发展起来的新兴学科，它使用现代计算理论来处理复杂的数学问题，大大增强了人们对客观世界的认知能力。笔者从2010年春季开始，一直为华中科技大学物理学院的本科生讲授计算物理课程，在教学过程中涉及的许多数学物理方程都难以做解析计算，唯有借助数值计算手段才能够进行有效分析，其重要地位不可取代。因此，笔者多年来不断积累资料、总结经验，最终汇集成这本书。

　　本书有一些特别之处。首先，在讲授理论方法的同时，更侧重于算法实现，并给出了所有算法的程序代码，便于学生对刚刚学会的算法活学活用，在实践中真正掌握数值计算理论。当学习完后，书中代码也可以整合起来，组成一个完整且实用的数学函数库。其次，本书选择Fortran语言作为算法实现的编程语言。作为一种历史悠久的科学计算语言，Fortran语言发展成熟、功能完备，其计算效率与C语言相当，其在科学计算领域内的编程效率甚至超过了C语言。作为理工科学生，掌握Fortran语言很有必要。最后，本书采用一些前后连贯的思路来讲授某些知识点，如方程求根和函数求极值，最速下降法和松弛迭代法，这些表面上看似独立的问题，其实都有着相通性，在本质上可以当成一个问题来考虑。

　　为达到最佳的学习效果，本书推荐的阅读对象是普通高校二、三年级本科生，或者从事与数值计算相关的科学工作者。读者需要具有一定的高等数学知识，能够理解书中涉及的各类数学问题。另外，本书也可以作为工具书使用，书中介绍了许多实用算法，算法描述和代码实现都尽量做到简洁直观、便于理解，方便读者查询和测试。

　　本书由笔者一人完成，虽经反复修改，但受学识和精力所限，书中错误在所难免，望广大读者指正。

陈长军

于华中科技大学

前　言

目　　录

第一章 绪 论

本章简要介绍了数值计算的重要性，以及一些必要知识，包括编程语言、绘图工具和初步的误差分析方法等。这些内容是数值计算的基础，读者需要尽快掌握，为后续学习做好准备。

第1节 数值计算简介

一般我们接触到的物理模型，具有解析解的情况非常少。比如量子力学中的薛定谔方程，能够精确求解波函数的有一维无限深势阱、方势阱、谐振子势等极少数情形，而其他特殊势函数用纯理论方法计算会非常困难。还比如，电动力学中计算可极化介质内外的空间静电势，用常规的级数展开方法只能处理球对称分布等极特殊情形，对于复杂边界问题则难以下手。另外，还有一些看似简单的物理模型，如天文学中经典的三体问题，甚至没有解析解。然而客观存在的事实却毫无疑问地表明，这种三体模型在设定初值条件以后有着确定的运动轨迹。因此，在面对复杂的物理问题时，传统的基于解析公式的理论研究方法越来越力不从心，而实际的实验物理研究又迫切需要理论指导。在这两方面需求的强力推动之下，计算物理在现代得到了快速发展，已经深入到核物理、凝聚态物理、生物物理、天体物理、光学、声学等几乎所有物理学科，发挥着越来越重要的作用。计算物理的核心正是数值计算，掌握这一现代计算方法能够大大拓展我们的视野，帮助我们深入研究各类物理问题。

目前，国际上已经有很多软件包含数值计算接口，如 Matlab 和 Mathematica，甚至还有一些独立的数值计算模块，如 IMSL、PETSc、LAPACK 等，它们调用方便，易于使用。但是，对于理工科学生来说，光会使用这些模块或接口是不够的，必须了解其内在思想。这是因为实际物理问题往往千变万化，可用的算法有很多，需要做仔细选择。例如，用泊松方程来求解空间静电场，我们通过有限差分法将其简化为线性方程组后，可以用 Gauss 消元法、LU 分解法、Jacobi 迭代法等多种算法，它们有着不同的计算效率和收敛标准，只有熟悉了它们各自的特点，才能选择最合适的算法，顺利完成计算工作。另外，有些物理问题没有现成的算法可用，或者需要在标准算法的基础上增加自定义的计算模块，或者需要代码并行化，这些都必须自行实现。此时，如果没有透彻了解标准算法的计算原理，是很难完成这个任务的。

可见学好数值计算方法很有必要，但在学习之前，我们需要先做一些准备工作。首先，我们要熟悉高等数学知识，包括微积分、线性代数和常微分方程等，它们的解析计算方法是发展数值算法的基础。其次，仅仅理解这些数值算法是不够的，必须要将算法转化成计算机能够运行的程序代码才能真正发挥作用。因此,我们必须具备基本的计算机编程能力,能够使用主流的编程语言,如 C 语言和 Fortran 语言,以便实现算法。最后,我们还需要一定的计算机绘图技巧,当计算结果出来后,为便于研究和分析,往往需要将数据绘制成图表,因此学会使用绘图软件,将显著提高后期的工作效率。

第 2 节　编程语言

任何数值算法都需要用编程语言来实现,现在可以使用的主流编程语言有很多,如 C/C++、Java、C♯、Fortran、Python 等,甚至还有一些软件带有编程功能,包括前面提到的 Matlab 和 Mathematica。它们各自的特点简要介绍如下。

C/C++功能强大,在用户界面、网络编程、3D 图形编程等许多方面都能胜任;Java 和 C♯ 则隐藏了底层的实现细节,编程效率极高;Fortran 自带了很多内部函数,方便处理复数、矢量和矩阵等数据对象,适于公式运算。Python、Matlab、Mathematica 都属于解释执行的编程语言,易读易懂,特别容易调试,它们还封装了各类计算模块,在人机交互、绘图、数据处理等方面都有着独特优势。

虽然现在可供选择的编程语言和编程软件有很多,各有专长,但一定要明确一点,我们是用它们来做数值计算的,因此在选择的时候,必须要在以下几方面仔细权衡。

首先,计算效率是我们需要考虑的首要因素。在以上提到的各类编程语言中,计算速度最快的当数 Fortran 语言和 C/C++语言。其他语言或者需要软件运行环境,或者需要程序解释器,都或多或少地拖慢了代码的计算效率。

其次,我们需要考虑的是在科学计算方面的易用性。数值计算中会涉及许多数学公式,相应地也会包含各类数据操作,如矩阵加减、复数运算等。在这些方面,Fortran语言具有天然优势。比如,矢量 a 和矢量 b 相加得到矢量 c,Fortran 语言仅仅需要一条语句 c＝a＋b 就可以完成运算;而 C/C++语言则必须加上循环语句才行。又比如,矩阵 a 和矩阵 b 相乘得到矩阵 c,Fortran 语言也仅仅需要一条语句 c＝matmul(a,b)就可以完成;而 C/C++语言需要加上两层循环语句(用户自定义新的函数可以完成同样的工作,但同时也会降低代码的可读性)。复数运算同样如此,因为自带复数数据类型(含实部和虚部),Fortran 语言处理复数的加减和乘法都非常方便。因此,要执行同样的计算工作,用 Fortran 语言写出来的代码往往要比 C/C++语言的简单,科学工作者可以因此节省一定的代码编写和维护工作,把有限的思维劳动投入到非常重要的算法设计与数值模拟中。

最后,我们要考虑的是高级语言特性——面向对象的编程思想。比如,不同数据类型的变量或数组能否封装在一起方便管理? 完成同一任务的多个子程序能否合并成一个模块以便重复利用? 相似功能的函数或子程序,其参数类型和数目能否改变以增强其多态性？Fortran(Fortran90 以后版本)和 C＋＋都具备这些高级特性,使用它们都可以写出结构性强、便于维护、重复利用率高的代码。

综合以上各方面分析,Fortran 语言在数值计算领域显示出了很好的实用性,因此,本书中的所有算法都用 Fortran 语言实现。

Fortran 编译环境有很多,如 MinGW、Compaq Visual Fortran 和 Intel Visual Fortran。其中 Compaq Visual Fortran 和 Intel Visual Fortran 是集成开发环境(见图 1-1),编译和调试代码都比较方便;而 MinGW 是终端类型的编译器,功能较少,但它是免费的,体积小巧,易于下载和安装。

图 1-1　Compaq Visual Fortran 集成开发环境

下面简单介绍一下 MinGW 的安装和编译过程。

(1) 下载安装器。进入 MinGW 的官方网站 http://www.mingw.org/,点击右上角的 Download Installer,下载进程会自动开始下载文件 mingw-get-setup.exe。

(2) 下载并安装编译器。mingw-get-setup.exe 下载完成后,双击它,会打开一个对话框,用户需要设定安装目录并选择编译器种类,这里只需勾选 mingw-basic 和 mingw-gfortran,随后会下载和安装 Fortran 编译器。

(3) 设置环境变量。编译器安装好以后,需要把编译器所在路径添加到系统的 path 环境变量中去,以便可以在任意路径上执行编译命令。具体操作过程是:用鼠标右键单击桌面上的"我的电脑"图标,选择右键菜单中的"属性",系统会弹出图 1-2(a)所示的"系统属性"窗口。选择"高级"选项卡,再单击面板上的"环境变量"按钮,就会出现图 1-2(b)所示的"环境变量"窗口,最后单击窗口中的 PATH 一栏的标签,在 PATH 变量值最后加上 MinGW 编译器可执行文件的所在路径(如 D:\mingw\bin),单击"确定"按钮。然后在 Windows 操作系统中打开 DOS 命令行窗口,输入 gfortran 命令并执行。如果出现提示信息 gfortran：fatal error：no input files,则表明 MinGW 环境变量设置成功。

(4) 编译代码。编译过程非常简单,假如用于测试的程序代码 hello.f90 在目录 D:\program\下,打开 DOS 命令行窗口,输入命令 D:进入代码所在磁盘,然后输入命令 cd D:\program\ 进入代码所在目录,最后执行命令 gfortran hello.f90,就可以使用 gfortran 编译器对代码文件 hello.f90 进行编译。编译完成后,在代码所在目录下会生成一个可执行文件 a.exe。

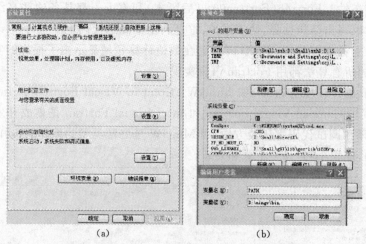

(a)   (b)

图 1-2 设置 Fortran 编译器 MinGW 的环境变量

(5) 执行程序。在 DOS 命令行窗口中输入命令 a. exe,正式开始执行程序。

最后讨论一点,数值计算过程中往往会生成大量的计算结果,有时需要用绘图软件进行直观展示。与编程语言的选择一样,现在绘图软件的选择同样很多。如 Matlab、Mathematica、Origin 都具有强大的绘图功能,但它们过于庞大复杂,不利于初学者。本书推荐使用 Gnuplot(见图 1-3),这是一个免费的绘图软件,可以从它的主页 http://www.gnuplot.info/下载。它操作简单且功能强大,能够绘制各种类型的二维和三维图形,许多学术期刊上的图片都是由它绘制的。另外,Gnuplot 还可以整合多个文件中的数据,生成连续动画。这对于分析波动问题、热传导问题等许多动

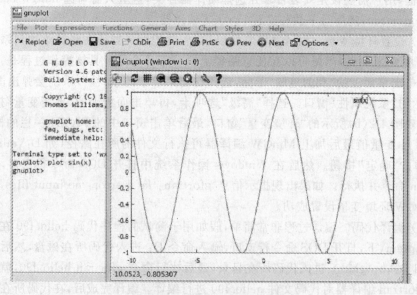

图 1-3 Gnuplot 绘图软件

态物理问题,都是非常有用的。

第3节 误差分析

如同实验数据会有误差一样,数值计算结果同样会有误差。这一小节我们来讨论一下关于误差的问题,包括误差的定义、分类,以及控制误差的手段。

误差表示近似值与准确值之间的差异,反映了近似值的准确程度。如果用 x 表示一个物理量的实际值(准确值),x^* 表示该物理量的实验测量值或者理论计算值(都可以视为近似值),那么误差 e 的定义式为

$$e=|x-x^*|\qquad(1.1)$$

反过来,物理量的准确值也可以用近似值和误差来表示,即

$$x=x^*\pm e\qquad(1.2)$$

上面定义的是绝对误差。不同的物理量,其实际大小往往会有较大差别,这时直接用上面的绝对误差来评估测量或计算结果的准确度是不合适的。例如,测量之后得到大小分别为 100 和 1000 的两个物理量,如果绝对误差都是 10,显然后者的测量结果更为准确。因此,我们有必要考虑物理量自身的大小,定义一个新的误差标准,这就是相对误差。它的大小就是绝对误差与近似值之间的比值,即

$$\varepsilon=\frac{e}{x^*}\qquad(1.3)$$

上面给出了一般的误差定义。在实际测量或者计算过程中,形成这些误差的原因主要要有以下几个方面。

(1) 模型误差。实际的物理问题往往非常复杂,难以考虑所有因素,为了能够更有效地进行研究,我们不得不先建立一个简化模型后再做分析。这个简化过程必然会引入模型误差。例如,观察一个重物的自由下落过程,打算通过测量其下落距离和下落时间来得到本地的重力加速度。我们可以建立三种模型,分别是真空中的匀加速直线运动、考虑空气阻力的变加速直线运动和考虑非惯性系中科里奥利力的曲线运动。这些不同的物理模型,都有着固有的模型误差。

(2) 观测误差。前面的物理模型中往往带有需要实验测量的参数,如长度、时间、速度、体积、密度等,不同的测量仪器或者测量手段,都会引入观测误差,随之传递到最终的计算结果中。

(3) 舍入误差。数值计算离不开计算机的帮助,现在的高速计算机,其运行速度是人脑无法企及的,但是,计算机只能以有限位数来保存数据,比如一些无穷循环小数,计算机在保存它们时必须在小数点后的有限位置作截断(四舍五入),由此造成的误差称为舍入误差。实际计算过程中,某些变量可能会被迭代成百上千次,这样累积之后的舍入误差是相当可观的。

(4) 截断误差。数值计算中还会碰到一些复杂函数,它们或带有三角函数,或带

有指数,或带有对数,我们常常需要对它们进行泰勒展开,以便将其转化为易于处理的多项式,这在插值、数值微积分、常微分方程等章节中都会介绍。这样做固然方便,但经过截断的泰勒展开式毕竟是近似的,伴随而来的是截断误差,其高阶余项就反映了这部分误差的大小。

提高效率、减小误差一直是我们的目标。在上述误差中,除了观测误差外,其余三项误差(模型误差、舍入误差和截断误差)都是数值计算中需要控制的。模型误差在算法设计阶段就需要考虑。物理模型越完善,相应误差就越小。舍入误差取决于程序中的数据类型,比如一个单精度浮点数由 4 个字节的内存来记录,一个双精度浮点数由 8 个字节的内存来记录,用于存储的字节越多,则舍入误差越小。截断误差则由泰勒展开式中的步长和阶数决定,步长越小,阶数越高,则截断误差越小。需要指出的是,按照以上方式来减少误差,可以让计算结果更为准确,但必然会增加相应的计算量。在计算时间和计算精度之间,我们应该寻找一个合理的平衡点。

最后,我们来探讨一下误差的传播和累积。了解这一点非常重要,因为即使针对的是同一个问题,使用不同的计算思路也会给出完全不同的计算结果。下面来看一个简单的例子,计算一个积分

$$I_n = \int_0^1 x^n e^{x-1} dx, \quad n = 1, 2, \cdots, 20 \tag{1.4}$$

要计算不同大小的 n 对应的积分值 I_n,用解析方法是很难计算的,但可以先利用分部积分将这个公式变换一下形式,即

$$\int_0^1 x^n e^{x-1} dx = x^n e^{x-1} \Big|_0^1 - n \int_0^1 e^{x-1} x^{n-1} dx = 1 - n \int_0^1 e^{x-1} x^{n-1} dx \tag{1.5}$$

这样,原来的积分就被转换为一个迭代公式,即

$$I_n = 1 - n I_{n-1} \tag{1.6}$$

只要知道了 I_0,就可以利用这一迭代公式计算以后所有的积分值 I_n。

Fortran 代码如下:

```fortran
program main
  implicit none
  integer :: n
  real * 8 :: I(0:20)
  I(0) = 1.0d0 - exp(-1.0d0)
  do n = 1, 20
    I(n) = 1.0d0 - dble(n) * I(n-1)
  end do
  print "(4(a2,i2,a2,f7.3,5x))", ("I(", n, ")=", I(n), n=1, 20)
end program
```

图 1-4 所示的是输出结果。

I(1) =	0.368	I(2) =	0.264	I(3) =	0.207	I(4) =	0.171
I(5) =	0.146	I(6) =	0.127	I(7) =	0.112	I(8) =	0.101
I(9) =	0.092	I(10) =	0.084	I(11) =	0.077	I(12) =	0.072
I(13) =	0.067	I(14) =	0.063	I(15) =	0.059	I(16) =	0.055
I(17) =	0.057	I(18) =	−0.029	I(19) =	1.560	I(20) =	−30.192

图 1-4　利用迭代公式(1.6)计算的积分值(I_1 到 I_{20})

我们发现,从 $n=18$ 开始,积分值变得不稳定起来,那么最终的结果 I_{20} 是否准确呢? 我们需要从初值 I_0 开始做分析,即

$$I_0 = 1 - \frac{1}{e} \tag{1.7}$$

假定计算机在存储 I_0 的时候,引入了舍入误差 ε,则以后每一步的积分结果(近似值,全部用 * 标记)及相应误差可以计算如下:

$$\begin{cases} I_0^* = I_0 \pm \varepsilon \\ I_1^* = 1 - I_0^* = 1 - I_0 \pm \varepsilon \\ I_2^* = 1 - 2I_1^* = 1 - 2(1 - I_0 \pm \varepsilon) = -1 + 2I_0 \pm 2\varepsilon \\ I_3^* = 1 - 3I_2^* = 1 - 3(-1 + 2I_0 + 2\varepsilon) = 4 - 3 \times 2I_0 \pm 3 \times 2\varepsilon \\ \quad \vdots \end{cases} \tag{1.8}$$

可见即使第一步的舍入误差非常小,如 $\varepsilon = 10^{-15}$,但到了第 20 步,误差将放大到 20! 倍。这样大的误差显然令计算结果没有意义。

如果我们换个思路,结果会怎样呢? 将迭代公式变换如下:

$$I_{n-1} = \frac{1 - I_n}{n} \tag{1.9}$$

然后从 I_{20}(令积分值为 0.0)开始逆向迭代到 I_0。Fortran 代码如下:

```fortran
program main
implicit none
integer :: n
real * 8 :: I(20)
I(20) = 0.0d0
do n = 20, 2, -1
    I(n-1) = (1.0d0 - I(n))/dble(n)
end do
print "(4(a2,i2,a2,f7.3,5x))",("I(",n,")=",I(n),n=1,20)
end program
```

图 1-5 所示的是输出结果。

I(1) =	0.368	I(2) =	0.264	I(3) =	0.207	I(4) =	0.171
I(5) =	0.146	I(6) =	0.127	I(7) =	0.112	I(8) =	0.101
I(9) =	0.092	I(10) =	0.084	I(11) =	0.077	I(12) =	0.072
I(13) =	0.067	I(14) =	0.063	I(15) =	0.059	I(16) =	0.056
I(17) =	0.053	I(18) =	0.050	I(19) =	0.050	I(20) =	0.000

图 1-5　利用迭代公式(1.9)计算的积分值(I_{20} 到 I_1)

　　结果发现,各个积分值都非常稳定。我们也可以用之前的分析方法来看看误差在迭代过程中是如何传递的。假定 $n=20$ 的时候,初值 I_{20} 的误差为 ε,则到了 $n=0$ 时,I_0 的误差变为 $\pm \varepsilon/20!$,即迭代步数越多,误差反而越小。由此我们发现,计算思路对计算结果有着巨大影响,在数值计算过程中,首先要做的是估计误差,分析计算结果的可靠性。

第二章 非线性方程寻根与函数优化

这一章我们来学习如何寻找一个方程的根,这原本是一个数学问题,但在物理学上却有着广泛的应用。比如质点系的平衡位置、分子的最优结构等,与这些物理问题相关的方程或方程组往往非常复杂,传统的解析求解已经力不从心,需要借助数值计算的手段来研究这些问题,寻找答案。

在介绍算法以前,先准备两个源代码文件 Main. f90 和 Comphy_Findroot. f90,其中 Main. f90 的功能是启动程序,定义求根方程,并调用求根模块来计算方程的根。初始内容如下,以后会不断完善。

```fortran
program main
    use Comphy_Findroot      ! 导入方程求根计算模块
    implicit none
    real * 8 :: x            ! 方程的自变量
    integer :: imethod, niter
    external:: myfunc        ! 定义函数 f(x),待求根方程即为 f(x)=0

    write( * ,"(/,'Input initial x:',$)"); read( * , * ) x                ! 设定自变量初值
    write( * ,"(/,'Input iteration number:',$)"); read( * , * ) niter   ! 设定迭代步数
    do
        print *
        print "(a)","All methods"
        print * ,"1: Bisection method"      ! 二分法
        print * ,"2: Jacobi Iteration"      ! Jacobi 迭代法
        print * ,"3: Post Acceleration"     ! 事后加速算法
        print * ,"4: Atiken Acceleration"   ! Atiken 加速算法
        print * ,"5: Newton Iteration"      ! Newton 迭代法
        write ( * ,"(/,'Select method:',$)"); read( * ,"(i8)") imethod      ! 选择方法
        print *

        select case(imethod)
! =========在这里调用具体的求根程序
! =========
        case default
            exit
        end select
    end do
end program
```

Comphy_Findroot. f90 文件则是用来执行具体的求根算法,初始内容如下。

```
module Comphy_Findroot
implicit none
contains
! 在这里写具体的求根算法
end module
```

第1节 二 分 法

　　二分法是最简单的方程求根方法,它通过不断细分区间来搜索方程的根。其具体思路如下。

　　(1) 将需要求根的方程转化为 $f(x)=0$ 的形式,即通过移项将方程右边归零。这样,只要找到一个 x,使得函数 $f(x)$ 的值等于 0,那么方程的根也就找到了。

　　(2) 划定搜索区间 $[a,b]$,并计算区间边界处的函数值 $f(a)$ 和 $f(b)$,如果 $f(a)f(b)>0$,则认为区间中没有根存在,需要重新定义区间 $[a,b]$(仅适用于单数根情形)。反之,如果 $f(a)f(b)<0$,则可以确定区间中有根存在,后面需要做的就是不断细分区间。

　　(3) 在区间 $[a,b]$ 中取中点 $x_0=(a+b)/2$,如图 2-1 所示,并计算函数值 $f(x_0)$,如果 $f(a)f(x_0)<0$,则认为根在左半区间 $[a, x_0]$,反之,根在右半区间 $[x_0,b]$(同样仅适用于单根情形)。

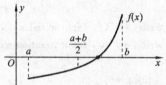

图 2-1　二分法示意图

　　(4) 如果根在左半区间 $[a, x_0]$,再次取其中点 $x_1=(a+x_0)/2$,并计算函数值 $f(x_1)$,如果 $f(a)f(x_1)<0$,则根在区间 $[a, x_1]$,反之,根在区间 $[x_1, x_0]$。如果根在右半区间 $[x_0,b]$,取其中点 $x_1=(x_0+b)/2$,并计算函数值 $f(x_1)$,如果 $f(x_0)f(x_1)<0$,则根在左半区间 $[x_0, x_1]$,反之,根在区间 $[x_1, b]$(仅适用于单根情形)。

　　(5) 不断重复第 4 步,直至计算结果满足收敛条件(x_k 表示 k 次迭代时的 x 值,ε 表示误差标准)

$$|x_k-x_{k-1}|<\varepsilon \quad \text{或} \quad |f(x_k)|<\varepsilon \qquad (2.1)$$

　　在模块文件 Comphy_Findroot. f90 中加入下面的二分法程序代码,参数 func 是一个子程序,定义了求根方程。niter 则指定了二分法的迭代步数,x 则为迭代初值(区间中心位置)。

```
subroutine Bisection(func, niter, x)
    implicit none
    real * 8, intent(inout) :: x
```

```
integer,intent(in)::niter
integer::iter
real * 8::xup,xlow,fx,flow,fup
interface
   subroutine func(x,fx,dfx,gx,dgx)
      real * 8,intent(in) :: x
      real * 8,intent(out) :: fx
      real * 8,intent(out),optional :: dfx,gx,dgx
   end subroutine
end interface

xlow=x-1.5d0; xup=x+1.5d0          ! 根据迭代初值设置二分法区间(宽度 3.0)
call func(xlow,flow); call func(xup,fup)
if (flow * fup > 0.0d0) then          ! 如果函数 f(x)在上下边界同号,则返回
   print * ,"There is no root in the interval!"; return
end if

print "(a)","iter   x   f(x)   |dx|"          ! dx 即为当前区间宽度
do iter=1,niter
   x=(xlow+xup)/2.0d0
   call func(x,fx);
   print "(i5,3f10.3)",iter,x,fx,abs(xup-xlow)
   if (fx * flow < 0.0d0) then          ! 根据中点的函数值 f(x)来重新定义新的区间
      xup=x; fup=fx
   else
      xlow=x; flow=fx
   end if
end do
end subroutine
```

主程序中需要加入下面的语句以调用二分法。

```
select case(imethod)
case (1)
      call Bisection(myfunc,niter,x)          ! 调用二分法求根
case default
      exit
end select
```

　　下面用二分法来求方程

$$f(x)=x^2-2x-4=0$$

的根。设置迭代初值 $x_0=2.0$，定义区间大小为 3.0，则初始区间为 $[2-1.5，2+1.5]$（即 $[0.5，3.5]$）。计算之前，先编写方程定义子程序 myfunc，它可以计算 $f(x)$ 的函数值(fx)、导数值(dfx)等(其余参数以后介绍)。程序代码如下。

```
subroutine myfunc(x,fx,dfx,gx,dgx)
  implicit none
  real * 8,intent(in) :: x
  real * 8,intent(out) :: fx
  real * 8,intent(out),optional :: dfx,gx,dgx

  fx=x * * 2 - 2.0d0 * x-4.0     ! 根据输入自变量 x,计算函数值 f(x)
end subroutine
```

　　下面给出二分法的计算结果。我们发现随着迭代的进行，$f(x)$ 的绝对值逐渐减少，说明自变量 x 在不断逼近方程的根，如图 2-2 所示。需要指出的是，在本章所有求根算法中，二分法的计算效率是比较低的，但是无论方程形式如何，只要划定了区间（即 $f(a)f(b)<0$），它都能够保证迭代收敛，这相对于其他算法来说，也是一个特有的优点。

```
C:\Windows\system32\cmd.exe

Input initial x: 2.0

Input iteration number: 5

All methods
 1: Bisection method
 2: Jacobi Iteration
 3: Post Acceleration
 4: Atiken Acceleration
 5: Newton Iteration

Select method: 1

    iter     x         f(x)        |dx|
      1     2.000     -4.000       3.000
      2     2.750     -1.938       1.500
      3     3.125     -0.484       0.750
      4     3.312      0.348       0.375
      5     3.219     -0.077       0.188
```

图 2-2　二分法计算结果

第 2 节　Jacobi 迭代法

较之前面的二分法，Jacobi 方法更为简单，它利用自洽迭代的思想来解方程，如图 2-3 所示。其具体思路如下。

(1) 将需要求根的方程转化为 $x_{k+1} = g(x_k)$ 的形式。

(2) 设定迭代初值 x_0。

(3) 计算迭代值 $x_1 = g(x_0)$。

(4) 不断重复第(3)步，直至计算结果满足收敛条件

$$|x_k - x_{k-1}| < \varepsilon \quad 或 \quad |f(x_k)| < \varepsilon \quad (2.2)$$

Jacobi 迭代法的程序代码如下（依然添加到模块文件 Comphy_Findroot. f90 中）。

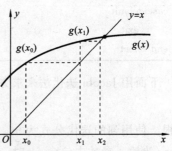

图 2-3　Jacobi 迭代法示意图

```
subroutine JacobiIteration(func,niter,x)
  implicit none
  real * 8,intent(inout) :: x
  integer,intent(in) :: niter
  integer :: iter
  real * 8 :: fx,gx
  interface
    subroutine func(x,fx,dfx,gx,dgx)
      real * 8,intent(in) :: x
      real * 8,intent(out) :: fx
      real * 8,intent(out),optional :: dfx,gx,dgx
    end subroutine
  end interface

  print "(a)","iter   x   f(x)   g(x)   |dx|"
  do iter=1,niter
    call func(x,fx,gx=gx)              ! 调用函数,计算 g(x)
    print "(i5,4f10.3)",iter,x,fx,gx,abs(gx-x)
    x=gx                              ! 令 x=g(x)
  end do
end subroutine
```

子程序中各个参数的含义与二分法的一致，这里不再介绍。为调用 Jacobi 迭代法，需要在主程序中加入以下调用语句。

```
select case(imethod)
case (1)
    call Bisection(myfunc,niter,x)          ! 调用二分法求根
case (2)
    call JacobiIteration(myfunc,niter,x)    ! 调用 Jacobi 迭代法求根
case default
    exit
end select
```

下面用 Jacobi 迭代法来求方程

$$f(x) = x^2 - 2x - 4 = 0$$

的根。使用到的迭代公式为 $x_{k+1} = g(x_k) = \sqrt{2x_k + 4}$，修改方程定义子程序 myfunc 如下（当输入参数中包含 gx 时，它会自动计算 Jacobi 的迭代函数 $g(x)$）。

```
subroutine myfunc(x,fx,dfx,gx,dgx)
  implicit none
  real * 8,intent(in) :: x
  real * 8,intent(out) :: fx
  real * 8,intent(out),optional :: dfx,gx,dgx

  fx=x * * 2 - 2.0d0 * x-4.0               ! 根据输入自变量 x,计算函数值 f(x)
  if (present(gx)) gx=sqrt(2.0d0 * x+4.0)   ! 计算 Jacobi 迭代中的迭代函数 g(x)
end subroutine
```

现在设定迭代初值 $x_0 = 2.0$，得到计算结果如图 2-4 所示。

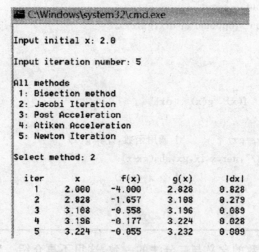

图 2-4　Jacobi 迭代法计算结果

　　我们可以看到,迭代到第 5 步的时候,x_k 和 $g(x_k)$ 已经非常接近,前后两步之差 $|x_k - x_{k-1}| = 0.009$,这表明结果是收敛的。

　　需要注意的是,与二分法不同,Jacobi 迭代公式不是唯一的。给定一个方程 $f(x) = 0$ 后,它可以转化为多种形式的迭代公式 $x = g(x)$。不同的迭代公式会给出不同的迭代结果,甚至会不收敛。迭代公式 $x = g(x)$ 的收敛条件为

$$\begin{cases} a \leqslant g(x) \leqslant b \\ |g'(x)| \leqslant 1 \end{cases} \quad x \in [a, b] \tag{2.3}$$

也就是说,在迭代过程中,函数 $g(x)$ 必须始终停留在预设搜索区间 $[a, b]$ 内,且其导数必须是 0 到 1 之间的小数,这样 Jacobi 迭代法方能找到收敛解(证明从略)。

第 3 节　Jacobi 迭代改进算法

　　我们还可以对 Jacobi 方法进行改进。在迭代过程中,当 $x = x_k$ 时,有迭代公式

$$x_{k+1} = g(x_k) \tag{2.4}$$

在根的位置 $x = x^*$ 处,迭代公式为

$$x^* = g(x^*) \tag{2.5}$$

上面两式相减,并令迭代函数 $g(x)$ 在根值 $x = x^*$ 附近做泰勒展开,得到

$$x_{k+1} - x^* = g(x_k) - g(x^*) = g'(\xi)(x_k - x^*), \quad \xi \in [x_k, x^*] \tag{2.6}$$

整理后可以估算出方程的根 x^* 为

$$x^* = \frac{x_{k+1} - L x_k}{1 - L}, \quad L = g'(\xi) \tag{2.7}$$

借此修正 x_{k+1},则新的迭代公式为

$$x'_{k+1} = \frac{x_{k+1} - L x_k}{1 - L}, \quad L = g'(\xi) \tag{2.8}$$

　　在每步迭代时,需要先用标准的 Jacobi 迭代公式预测 x_{k+1}($x_{k+1} = g(x_k)$),然后再利用式(2.8)重新调整 x_{k+1},因此称为事后加速算法(post accelerating method)。为简单起见,可令上式中的导数 $L = g'(x_k)$。实现代码如下。

```
subroutine PostAcceleration(func, niter, x)
    implicit none
    real * 8, intent(inout) :: x
    integer, intent(in) :: niter
    integer :: iter
    real * 8 :: fx, gx, dgx
    interface
        subroutine func(x, fx, dfx, gx, dgx)
            real * 8, intent(in) :: x
            real * 8, intent(out) :: fx
```

```
      real * 8,intent(out),optional :: dfx,gx,dgx
    end subroutine
  end interface

  print "(a)","iter   x   f(x)   g(x)   |dx|"
  do iter=1,niter
    call func(x,fx,gx=gx,dgx=dgx)              ! Jacobi 迭代预测
    gx=(gx - dgx * x)/(1-dgx)                  ! 事后加速算法修正
    print "(i5,2(f10.3,e10.1e2))",iter,x,fx,gx,abs(gx-x)
    x=gx                                        ! 令 x=g(x)
  end do
end subroutine
```

主程序中加入以下调用代码。

```
select case(imethod)
case (1)
      call Bisection(myfunc,niter,x)            ! 调用二分法求根
case (2)
      call JacobiIteration(myfunc,niter,x)      ! 调用 Jacobi 迭代法求根
case (3)
      call PostAcceleration(myfunc,niter,x)     ! 调用事后加速算法求根
case default
      exit
end select
```

下面用事后加速算法再次来求方程

$$f(x)=x^2-2x-4=0$$

的根。迭代初值 $x_0=2.0$，迭代函数 $g(x)$ 与标准 Jacobi 迭代一致，为了使用事后加速算法的迭代公式(2.8)，进一步修改方程定义子程序 myfunc(当输入参数包含 dgx 时，返回 Jacobi 迭代函数 $g(x)$ 的导数值)。

```
subroutine myfunc(x,fx,dfx,gx,dgx)
implicit none
  real * 8,intent(in) :: x
  real * 8,intent(out) :: fx
  real * 8,intent(out),optional :: dfx,gx,dgx

  fx=x * * 2 - 2.0d0 * x-4.0              ! 根据输入自变量 x,计算函数值 f(x)
  if (present(gx)) gx=sqrt(2.0d0 * x+4.0)  ! 计算 Jacobi 迭代函数 g(x)
  if (present(dgx)) dgx=1.0d0/gx           ! 计算 Jacobi 迭代函数 g(x)的导数
end subroutine
```

图 2-5 所示的是迭代初值 $x_0 = 2.0$ 时的计算结果。

```
C:\Windows\system32\cmd.exe

Input initial x: 2.0

Input iteration number: 5

All methods
1: Bisection method
2: Jacobi Iteration
3: Post Acceleration
4: Atiken Acceleration
5: Newton Iteration

Select method: 3

 iter     x        f(x)       g(x)      |dx|
   1    2.000    -0.4E+01    3.282    0.1E+01
   2    3.282     0.2E+00    3.236    0.5E-01
   3    3.236     0.2E-03    3.236    0.4E-04
   4    3.236     0.2E-09    3.236    0.4E-10
   5    3.236     0.5E-15    3.236    0.0E+00
```

图 2-5　事后加速算法计算结果

可以看出,事后加速算法同样是收敛的,而且收敛速度比 Jacobi 迭代法的要快。不过它的迭代公式(2.8)中含有迭代函数 $g(x)$ 的导数,有时并不容易计算。因此,有另一种改进算法。

首先连续两次做标准的 Jacobi 迭代,即

$$x_{k+1} = g(x_k), \quad x_{k+2} = g(x_{k+1}) \tag{2.9}$$

利用公式(2.6),有

$$\begin{cases} x_{k+1} - x^* = L(x_k - x^*) \\ x_{k+2} - x^* = L(x_{k+1} - x^*) \end{cases} \tag{2.10}$$

两式相除可以得到

$$\frac{x_{k+1} - x^*}{x_{k+2} - x^*} = \frac{L(x_k - x^*)}{L(x_{k+1} - x^*)} \tag{2.11}$$

消去导数值 L,并稍作整理,可以估算出根的位置 x^* 为

$$x^* = x_{k+2} - \frac{(x_{k+2} - x_{k+1})^2}{x_{k+2} - 2x_{k+1} + x_k} \tag{2.12}$$

与事后加速算法一样,同样可以利用这个关系式重新修正 x_{k+1},即

$$x'_{k+1} = x_{k+2} - \frac{(x_{k+2} - x_{k+1})^2}{x_{k+2} - 2x_{k+1} + x_k} \tag{2.13}$$

这一改进算法称为 Aitken 加速算法。简单来说,它在迭代过程中首先进行两步标准 Jacobi 迭代,得到 x_{k+1} 和 x_{k+2},然后再利用上式重新调整 x_{k+2}。因为迭代公式中无需计算导数,所以这一改进算法更容易实现。代码如下。

```
subroutine AitkenAcceleration(func,niter,x)
implicit none
  real * 8,intent(inout) :: x
  integer,intent(in) :: niter
  integer :: iter
  real * 8 :: fx,gx,gx2
  interface
    subroutine func(x,fx,dfx,gx,dgx)
      real * 8,intent(in) :: x
      real * 8,intent(out) :: fx
      real * 8,intent(out),optional :: dfx,gx,dgx
    end subroutine
  end interface

  print "(a)","iter   x   f(x)   g(x)   |dx|"
  do iter=1,niter
    call func(x,fx,gx=gx)                          ! Jacobi 迭代预测第一步
    call func(gx,fx,gx=gx2)                         ! Jacobi 迭代预测第二步
    gx=gx2 - ((gx2 - gx) * * 2)/(gx2 - 2.0d0 * gx+x)   ! Atiken 加速算法修正
    print "(i5,2(f10.3,e10.1e2))",iter,x,fx,gx,abs(gx-x)
    x=gx                                           ! 令 x=g(x)
  end do
end subroutine
```

同样需要在 Main.f90 中加入以下调用语句。

```
select case(imethod)
case (1)
      call Bisection(myfunc,niter,x)               ! 调用二分法求根
case (2)
      call JacobiIteration(myfunc,niter,x)         ! 调用 Jacobi 迭代法求根
case (3)
      call PostAcceleration(myfunc,niter,x)        ! 调用事后加速算法求根
case (4)
      call AitkenAcceleration(myfunc,niter,x)      ! 调用 Atiken 加速算法求根
case default
      exit
end select
```

下面还是用 Aitken 加速算法来求方程

$$f(x) = x^2 - 2x - 4 = 0$$

的根。迭代初值 $x_0 = 2.0$，迭代函数 $g(x)$ 与标准 Jacobi 迭代一致，计算结果如图 2-6 所示。

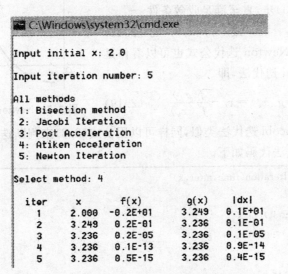

图 2-6　Aitken 加速算法计算结果

从 $|f(x_k)|$ 和 $|x_k - x_{k-1}|$ 的数据来看，Aitken 加速算法的收敛速度同样非常快，加上它无需计算迭代函数 $g(x)$ 的导数，因此是一个非常实用的求根算法。但无论是事后加速算法，还是 Aitken 加速算法，都必须小心公式中的分母，一旦在迭代过程中该项为零，且当前的 x_k 还未收敛，那么必须重新设定初值，再次求根。

第 4 节　Newton 迭代法

Newton 迭代法的思想是，沿着函数 $f(x)$ 曲线的切线方向搜索，每次都定位到切线与 x 轴的交叉点，借此不断逼近 $f(x)$ 与 x 轴的交叉点，求得方程的根。其算法描述如下。

（1）设定迭代初值 x_0（见图 2-7），确定经过点 $(x_0, f(x_0))$ 处的切线方程（$f'(x_0)$ 是切线斜率）为

$$f(x) = f'(x_0)(x - x_0) + f(x_0) \tag{2.14}$$

（2）定位该切线与 x 轴的交叉点 x_1 为

$$x_1 = x_0 - \frac{f(x_0)}{f'(x_0)} \tag{2.15}$$

（3）建立 $(x_1, f(x_1))$ 处的切线方程为

$$f(x) = f'(x_1)(x - x_1) + f(x_1) \tag{2.16}$$

并定位新的切线与 x 轴的交叉点 x_2 为

$$x_2 = x_1 - \frac{f(x_1)}{f'(x_1)} \qquad (2.17)$$

（4）重复第（3）步，直至满足收敛条件

$$|x_k - x_{k-1}| < \varepsilon \quad \text{或} \quad |f(x_k)| < \varepsilon \quad (2.18)$$

注意这里的 Newton 迭代公式也可以看作是一种特殊的 Jacobi 迭代法，即

$$x_{k+1} = g(x_k) = x_k - \frac{f(x_k)}{f'(x_k)} \qquad (2.19)$$

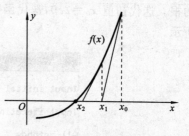

图 2-7　Newton 迭代法示意图

因此，它与 Jacobi 迭代法类似，同样可以用公式（2.3）来判断迭代收敛性。

Newton 迭代法代码如下。

```
subroutine NewtonIteration(func, niter, x)
    implicit none
    real * 8, intent(inout) :: x
    integer, intent(in) :: niter
    integer :: iter
    real * 8 :: fx, dfx, gx
    interface
        subroutine func(x, fx, dfx, gx, dgx)
            real * 8, intent(in) :: x
            real * 8, intent(out) :: fx
            real * 8, intent(out), optional :: dfx, gx, dgx
        end subroutine
    end interface

    print "(a)", "iter   x   f(x)   g(x)   |dx|"
    do iter = 1, niter
        call func(x, fx, dfx=dfx)            ! dfx 就是函数 f(x) 的导数
        gx = x - (fx/dfx)
        print "(i5,2(f10.3,e10.1e2))", iter, x, fx, gx, abs(gx-x)
        x = gx
    end do
end subroutine
```

在 Main.f90 中增加以下调用 Newton 迭代法的语句。

```
select case(imethod)
case (1)
    call Bisection(myfunc, niter, x)            ! 调用二分法求根
case (2)
    call JacobiIteration(myfunc, niter, x)      ! 调用 Jacobi 迭代法求根
```

```
  case (3)
      call PostAcceleration(myfunc,niter,x)          ! 调用事后加速算法求根
  case (4)
      call AitkenAcceleration(myfunc,niter,x)        ! 调用 Aitken 加速算法求根
  case (5)
      call NewtonIteration(myfunc,niter,x)           ! 调用 Newton 迭代法求根
  case default
      exit
end select
```

下面用 Newton 迭代法再次来求方程

$$f(x)=x^2-2x-4=0$$

的根。使用到的迭代公式为 $x_{k+1}=g(x_k)=x_k-\frac{f(x_k)}{f'(x_k)}=x_k-\frac{x_k^2-2x_k-4}{2x_k-2}$，为计算 $f(x)$ 的导数，需要在 Main. f90 的 $f(x)$ 计算子程序中加入如下语句。

```
subroutine myfunc(x,fx,dfx,gx,dgx)
  implicit none
  real * 8,intent(in) :: x
  real * 8,intent(out) :: fx
  real * 8,intent(out),optional :: dfx,gx,dgx

  fx=x * * 2 - 2.0d0 * x-4.0                  ! 根据输入自变量 x,计算函数值 f(x)
  if (present(gx)) gx=sqrt(2.0d0 * x+4.0)     ! 计算 Jacobi 迭代函数 g(x)
  if (present(dgx)) dgx=1.0d0/gx              ! 计算 Jacobi 迭代函数 g(x)的导数
  if (present(dfx)) dfx=2.0d0 * x - 2.0d0     ! 计算 f(x)的导数
end subroutine
```

令迭代初值 $x_0=2.0$，Newton 迭代法计算结果如图 2-8 所示。

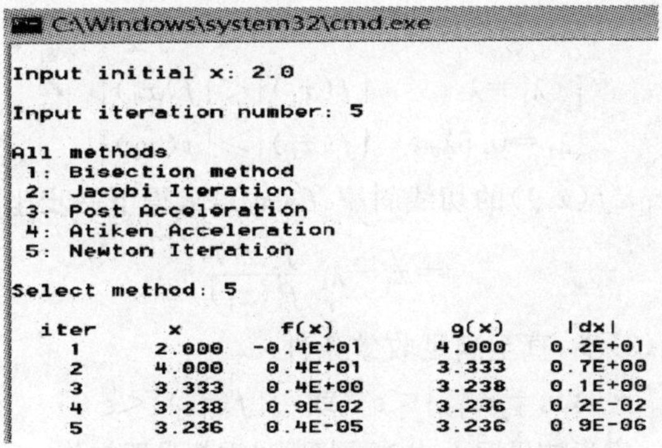

```
C:\Windows\system32\cmd.exe
Input initial x: 2.0
Input iteration number: 5

All methods
 1: Bisection method
 2: Jacobi Iteration
 3: Post Acceleration
 4: Atiken Acceleration
 5: Newton Iteration

Select method: 5

  iter      x        f(x)        g(x)       |dx|
   1      2.000   -0.4E+01     4.000     0.2E+01
   2      4.000    0.4E+01     3.333     0.7E+00
   3      3.333    0.4E+00     3.238     0.1E+00
   4      3.238    0.9E-02     3.236     0.2E-02
   5      3.236    0.4E-05     3.236     0.9E-06
```

图 2-8　Newton **迭代法计算结果**

　　我们发现，Newton 迭代法的收敛速度快于标准 Jacobi 迭代法的收敛速度，这是由它在根值附近的二阶收敛性决定的。但 Newton 迭代法还是比事后加速算法或 Aitken 方法的要慢，不过它的迭代函数 $g(x)$ 的形式是确定的，用户不必预先设计迭代公式，使用起来更方便。另外，使用 Newton 迭代法还需要注意几点。首先，如果函数 $f(x)$ 过于复杂而不方便求导，可以用有限差分公式替换，即

$$x_{k+1} = x_k - f(x_k) \frac{x_k - x_{k-1}}{f(x_k) - f(x_{k-1})} \tag{2.20}$$

其次，与之前的改进算法一样，要注意迭代公式的分母，在迭代过程中它不能等于零，否则程序会报错。

　　尽管 Newton 迭代法很好用，但有时并不收敛，如图 2-9 所示，如果按照原有的计算思路，只是沿着函数 $f(x)$ 曲线的切线方向搜索，那么从初值 x_0 开始，经过 x_1，x_2，…，我们会发现切线与 x 轴的交点离根值越来越远，结果是发散的。对此，我们只需稍加改进，减少步长 $|x_1 - x_0|$，即将 x_1 移动至 x_1'，就可以让迭代结果再次收敛。

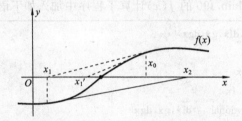

图 2-9　Newton 迭代法改进示意图

改进之后的 Newton 迭代法具体过程如下。

　　(1) 初次迭代，设定迭代初值 x_0，确定经过点 $(x_0, f(x_0))$ 的切线与 x 轴的交叉点 x_1（这里 $\lambda_0 = 1$ 是步长因子）为

$$x_1 = x_0 - \lambda_0 \frac{f(x_0)}{f'(x_0)} \tag{2.21}$$

　　(2) 计算 x_1 处的函数值 $f(x_1)$，比较 $|f(x_1)|$ 和 $|f(x_0)|$ 的大小，调整步长因子 λ_1，即

$$\begin{cases} \lambda_1 = \lambda_0, & |f(x_1)| < |f(x_0)| \\ \lambda_1 = 0.5\lambda_0, & |f(x_1)| \geqslant |f(x_0)| \end{cases} \tag{2.22}$$

　　(3) 计算过点 $(x_1, f(x_1))$ 的切线斜率 $f'(x_1)$，求得下一步坐标点 x_2 为

$$x_2 = x_1 - \lambda_1 \frac{f(x_1)}{f'(x_1)} \tag{2.23}$$

　　(4) 重复第 (2)、(3) 步，直至满足收敛条件

$$|x_k - x_{k-1}| < \varepsilon \quad \text{或} \quad |f(x_k)| < \varepsilon \tag{2.24}$$

　　(5) 如果迭代到一定步数仍旧不收敛，回到 (1) 重新设置初值 x_0 和 λ_0，并重新迭代。

　　至此，我们学习了多种方程的求根算法，它们各有优劣，现在做个简单总结。二

分法最为简单,迭代过程中只需要计算方程 $f(x)=0$ 中的函数值 $f(x)$ 即可,无需额外建立迭代公式,但收敛速度较慢。Jacobi 迭代法在求根前需要用户自己来建立迭代公式 $x=g(x)$,这就会影响到程序的通用性。事后加速算法和 Aitken 迭代法是对 Jacobi 迭代法的改进,大大加快了收敛速度。Newton 迭代法则要复杂一些,需要对求根方程 $f(x)=0$ 中的函数 $f(x)$ 求导,增加了单步迭代的计算量,但与前面的改进方法相比,当方程给定时,它具有确定的迭代公式,一般情形下其收敛速度同样比 Jacobi 迭代法的要快。以上各种算法,除了二分法以外,都不能保证迭代一定收敛,且计算量有着明显差异。因此,在实际应用中我们有必要针对具体问题,从计算速度和精度上平衡考虑,合理选择最适合的算法。

第 5 节 最速下降法和 Newton-Raphson 方法

Newton 迭代法其实也有着另一层意义。先来看看最初的问题,我们需要求方程 $f(x)=0$ 的根。如果假定 $f(x)$ 是另外一个函数 $V(x)$ 的导数

$$f(x)=0 \Leftrightarrow \frac{\mathrm{d}V(x)}{\mathrm{d}x}=0 \qquad (2.25)$$

那么方程求根的问题就转化为求一个特定函数 $V(x)$ 的极值问题。换句话说,只要找到了函数 $V(x)$ 的极值所在位置 x^*,也就自然找到了方程 $f(x)=0$ 的根。从这一点来说,方程求根问题和函数求极值问题,两者是等价的。

下面来优化函数 $V(x)$。将函数 $V(x)$ 在 k 步迭代位置 $x=x_k$ 附近做一阶泰勒展开

$$V(x)=V(x_k)+\frac{\mathrm{d}V(x_k)}{\mathrm{d}x}(x-x_k)+O((x-x_k)^2) \qquad (2.26)$$

因为希望优化之后 $V(x)$ 的绝对值能够减少,即 $|V(x)| < |V(x_k)|$,所以

$$\frac{\mathrm{d}V(x_k)}{\mathrm{d}x}(x-x_k)<0 \qquad (2.27)$$

要使该不等式始终成立,必须满足

$$x-x_k=-\lambda \frac{\mathrm{d}V(x_k)}{\mathrm{d}x} \qquad (2.28)$$

这里 λ 为任意大于零的常数,整理一下得到下一步迭代的位置,即

$$x_{k+1}=x=x_k-\lambda \frac{\mathrm{d}V(x_k)}{\mathrm{d}x} \qquad (2.29)$$

也可以把原来求根方程对应的函数 $f(x)$ 代入

$$x_{k+1}=x_k-\lambda f(x_k) \qquad (2.30)$$

这样不断迭代,自然可以找到方程 $f(x)=0$ 的根或者函数 $V(x)$ 的极值,这一简单的求根方法,称为最速下降法(Steepest Descent Method)。

最速下降法也可以推广到多个方程的求根问题,或者多元函数求极值的问题。

这时候,根由单个变量 x 变成一组变量$(x_1, x_2, \cdots, x_n)$,即

$$\begin{cases} f_1(x_1,x_2,\cdots,x_n)=0 \\ f_2(x_1,x_2,\cdots,x_n)=0 \\ \vdots \\ f_n(x_1,x_2,\cdots,x_n)=0 \end{cases} \Leftrightarrow \begin{cases} \dfrac{\mathrm{d}}{\mathrm{d}x_1}V(x_1,x_2,\cdots,x_n)=0 \\ \dfrac{\mathrm{d}}{\mathrm{d}x_2}V(x_1,x_2,\cdots,x_n)=0 \\ \vdots \\ \dfrac{\mathrm{d}}{\mathrm{d}x_n}V(x_1,x_2,\cdots,x_n)=0 \end{cases} \tag{2.31}$$

对于这样的多维体系,如果把所有的根$(x_1, x_2, \cdots, x_n)$合并成一个矢量 $\boldsymbol{r}$,所有的方程 $f(x)=0$ 也合并成一个矢量方程 $\boldsymbol{f}(\boldsymbol{r})=\boldsymbol{0}$,则多维空间中的方程求根问题,同样也可以转化为多维函数 $V(\boldsymbol{r})$ 的求极值问题。与一维情形下的处理过程类似,我们先将函数 $V(\boldsymbol{r})$ 在 k 步迭代位置 $\boldsymbol{r}=\boldsymbol{r}_k$ 附近做一阶泰勒展开

$$V(\boldsymbol{r})=V(\boldsymbol{r}_k)+\nabla V(\boldsymbol{r}_k)\cdot(\boldsymbol{r}-\boldsymbol{r}_k)+O((\boldsymbol{r}-\boldsymbol{r}_k)^2) \tag{2.32}$$

为优化该函数,在移动以后新的位置 $\boldsymbol{r}$ 处使得 $V(\boldsymbol{r})$ 的绝对值减少,即 $|V(\boldsymbol{r})|<|V(\boldsymbol{r}_k)|$,需要满足条件

$$\nabla V(\boldsymbol{r}_k)\cdot(\boldsymbol{r}-\boldsymbol{r}_k)<0 \tag{2.33}$$

式(2.33)越负,表明下降幅度越大,因此不妨设定

$$\boldsymbol{r}-\boldsymbol{r}_k=-\lambda\nabla V(\boldsymbol{r}_k) \tag{2.34}$$

这样就确定了 $k+1$ 步迭代的位置 $\boldsymbol{r}=\boldsymbol{r}_{k+1}$,即

$$\boldsymbol{r}_{k+1}=\boldsymbol{r}=\boldsymbol{r}_k-\lambda\nabla V(\boldsymbol{r}_k) \tag{2.35}$$

当然,某些情形下函数 $V(\boldsymbol{r})$ 的梯度在迭代过程中会波动过大,为保持迭代稳定,可以将 $V(\boldsymbol{r})$ 的梯度做归一化处理,即

$$\boldsymbol{r}_{k+1}=\boldsymbol{r}_k-\lambda\frac{\nabla V(\boldsymbol{r}_k)}{|\nabla V(\boldsymbol{r}_k)|} \tag{2.36}$$

也可以用矢量 $\boldsymbol{f}(\boldsymbol{r})=\boldsymbol{0}$ 中的矢量函数 $\boldsymbol{f}(\boldsymbol{r})$ 来替换掉 $V(\boldsymbol{r})$ 的梯度

$$\boldsymbol{r}_{k+1}=\boldsymbol{r}_k-\lambda\frac{\boldsymbol{f}(\boldsymbol{r}_k)}{|\boldsymbol{f}(\boldsymbol{r}_k)|} \tag{2.37}$$

这就是在多维情形下的最速下降算法,公式简单清晰,很容易实现。

同样利用泰勒展开,还可以给出另外一种优化算法。将函数 $V(\boldsymbol{r})$ 在 k 步迭代位置 $\boldsymbol{r}=\boldsymbol{r}_k$ 附近做多元函数二阶泰勒展开

$$V(\boldsymbol{r})=V(\boldsymbol{r}_k)+\nabla V(\boldsymbol{r}_k)\cdot(\boldsymbol{r}-\boldsymbol{r}_k)+\frac{1}{2}\nabla^2 V(\boldsymbol{r}_k)\cdot(\boldsymbol{r}-\boldsymbol{r}_k)^2+O((\boldsymbol{r}-\boldsymbol{r}_k)^3) \tag{2.38}$$

注意上式中$\nabla^2 V(\boldsymbol{r})=\nabla(\nabla V(\boldsymbol{r}))$是一个矩阵,有时候称为 Hessian 矩阵。

对上面的函数求自变量 $\boldsymbol{r}$ 的一阶导数

$$\nabla V(\boldsymbol{r})=\nabla V(\boldsymbol{r}_k)+\nabla^2 V(\boldsymbol{r}_k)\cdot(\boldsymbol{r}-\boldsymbol{r}_k) \tag{2.39}$$

如果优化以后函数 $V(\boldsymbol{r})$ 处于极值,即$\nabla V(\boldsymbol{r})=\boldsymbol{0}$,必然有方程

$$\nabla V(r_k) + \nabla^2 V(r_k) \cdot (r - r_k) = 0 \tag{2.40}$$

整理一下,有

$$r - r_k = -(\nabla^2 V(r_k))^{-1} \cdot \nabla V(r_k) \tag{2.41}$$

这里( )$^{-1}$表示矩阵求逆。由此得到 $k+1$ 步迭代的位置 $r = r_{k+1}$,即

$$r_{k+1} = r = r_k - (\nabla^2 V(r_k))^{-1} \cdot \nabla V(r_k) \tag{2.42}$$

同样可以把原来矢量方程 $f(r) = 0$ 对应的函数 $f(x)$ 代入

$$r_{k+1} = r_k - (\nabla f(r_k))^{-1} \cdot f(r_k) \tag{2.43}$$

基于这一迭代公式的优化算法称为 Newton-Raphson 方法。

再次回到一维情形

$$x_{k+1} = x_k - \frac{f(x_k)}{f'(x_k)} \tag{2.44}$$

我们发现,该迭代公式与前面介绍的 Newton 迭代法中用到的公式(2.19)相同。因此,方程求根中的 Newton 迭代法和优化问题中的 Newton-Raphson 方法在本质上是一致的。

第 6 节　优化算法应用实例

通过上一小节的讨论,我们明确了一点,所谓方程求根问题,其实可以换个角度,把它当成一个函数求极值的问题来处理。另外,我们还介绍了最速下降法和 Newton-Raphson 方法的基本原理,这两种算法都属于经典的优化算法,在物理学上有着广泛的应用。下面通过一个简单实例来学习最速下降法的具体用法。

图 2-10 所示的是一个简单的三振子系统。在水平平面内,振子坐标为 (x_1, y_1)、(x_2, y_2)、(x_3, y_3),质量分别为 m_1、m_2、m_3,在它们两两之间都连上一个弹簧,弹簧原长分别为 l_{12}、l_{23}、l_{13},弹簧倔强系数分别为 k_{12}、k_{23}、k_{13}。现在需要求这三个振子的平衡位置。

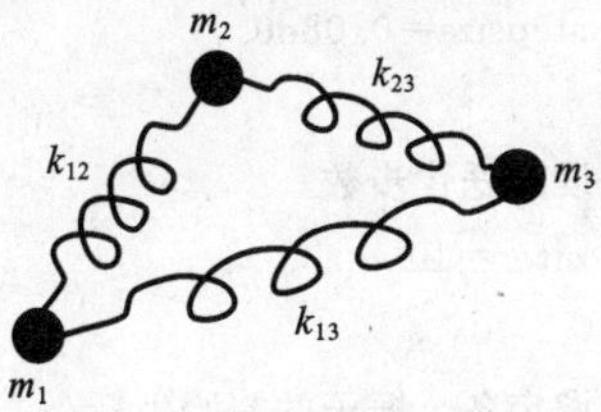

对于这样的系统,其平衡状态要求三个振子受到的合外力都必须为零。也就是说,总共有六个平衡方程,将弹性力矢量合成,可以直接得到这六个方程的具体形式

图 2-10　简单的三振子系统

$$\begin{cases} f_1(r) = -k_{12}(r_{12} - l_{12})\dfrac{x_1 - x_2}{r_{12}} - k_{13}(r_{13} - l_{13})\dfrac{x_1 - x_3}{r_{13}} = 0 \\[2mm] f_2(r) = -k_{12}(r_{12} - l_{12})\dfrac{y_1 - y_2}{r_{12}} - k_{13}(r_{13} - l_{13})\dfrac{y_1 - y_3}{r_{13}} = 0 \\[2mm] \quad\vdots \\[2mm] f_6(r) = +k_{13}(r_{13} - l_{13})\dfrac{y_1 - y_3}{r_{13}} + k_{23}(r_{23} - l_{23})\dfrac{y_2 - y_3}{r_{23}} = 0 \end{cases} \tag{2.45}$$

这是一个非线性方程组,其中 r_{12}、r_{23}、r_{13} 是振子之间的实际距离,由相应振子的二维

坐标决定,即

$$\begin{cases} r_{12} = \sqrt{(x_1 - x_2)^2 + (y_1 - y_2)^2} \\ r_{23} = \sqrt{(x_2 - x_3)^2 + (y_2 - y_3)^2} \\ r_{13} = \sqrt{(x_1 - x_3)^2 + (y_1 - y_3)^2} \end{cases} \qquad (2.46)$$

为得到三个振子的平衡位置,必须求出方程组(或矢量方程)的根。对于这样的多维体系,直接求解显然是非常困难的。我们可以换个角度,定义系统的总势能$V(\boldsymbol{r})$为

$$V(\boldsymbol{r}) = \frac{1}{2}k_{12}(r_{12} - l_{12})^2 + \frac{1}{2}k_{23}(r_{23} - l_{23})^2 + \frac{1}{2}k_{13}(r_{13} - l_{13})^2 \qquad (2.47)$$

令它对三个振子各自坐标(x_1, y_1)、(x_2, y_2)、(x_3, y_3)分别求导,即可得到平衡方程组(2.45)。因此,只要不断对势能函数$V(\boldsymbol{r})$进行优化,找到它的极值所在位置,也就意味着找到了振子的平衡位置。

下面使用最速下降法(2.37)做优化。Fortran 代码如下(代码中已经设定了所有参数,包括弹簧原长、劲度系数、初始坐标等)。

```fortran
program SteepestDescent
  implicit none
  integer :: niter, iter
  real * 8 :: r1(2),r2(2),r3(2),stepsize
  real * 8 :: fr(6),vr,grad
  real * 8 :: k12,k13,k23,l12,l13,l23,r12,r23,r13
  real * 8 :: dx12,dy12,dx13,dy13,dx23,dy23
! 设定迭代步长
  stepsize=0.08d0

! 设定迭代步数
  niter=10

! 设定各个振子的初始坐标
  r1(1:2)=(/0.0d0,0.0d0/)
  r2(1:2)=(/0.0d0,1.0d0/)
  r3(1:2)=(/1.0d0,0.0d0/)

! 设定各个弹簧的原长及劲度系数
  k12=1.2d0; l12=1.2d0
  k23=2.3d0; l23=2.3d0
  k13=1.3d0; l13=1.3d0

  print *
```

```
    print "(4x,a)","iterV(r)|f(r)||dr|"
    do iter=1,niter

        dx12=r1(1) - r2(1); dy12=r1(2) - r2(2)
        dx23=r2(1) - r3(1); dy23=r2(2) - r3(2)
        dx13=r1(1) - r3(1); dy13=r1(2) - r3(2)


    ! 计算各振子之间的距离
        r12=sqrt(dx12 * * 2+dy12 * * 2)
        r23=sqrt(dx23 * * 2+dy23 * * 2)
        r13=sqrt(dx13 * * 2+dy13 * * 2)


    ! 根据自变量 r,计算求根方程组中的所有函数 f(x)
        fr(1)=k12 * (r12-l12) * dx12/r12+k13 * (r13-l13) * dx13/r13
        fr(2)=k12 * (r12-l12) * dy12/r12+k13 * (r13-l13) * dy13/r13
        fr(3)=-k12 * (r12-l12) * dx12/r12+k23 * (r23-l23) * dx23/r23
        fr(4)=-k12 * (r12-l12) * dy12/r12+k23 * (r23-l23) * dy23/r23
        fr(5)=-k13 * (r13-l13) * dx13/r13 - k23 * (r23-l23) * dx23/r23
        fr(6)=-k13 * (r13-l13) * dy13/r13 - k23 * (r23-l23) * dy23/r23
    ! 计算方程组 f(x)=0 对应的优化函数 V(r)函数值
        vr=0.5d0 * (r12-l12) * * 2+0.5d0 * (r13-l13) * * 2+0.5d0 * (r23-l23) * * 2

    ! 计算 |f(r)|
        grad=sqrt(dot_product(fr,fr)); fr(1:6)=fr(1:6)/grad

    ! 更新振子坐标
        r1(1:2)=r1(1:2) - stepsize * fr(1:2)
        r2(1:2)=r2(1:2) - stepsize * fr(3:4)
        r3(1:2)=r3(1:2) - stepsize * fr(5:6)


    ! 输出计算结果
        print "(i8,20f10.3)", iter, vr, grad, stepsize * grad
    end do
end program
```

　　计算结果如图 2-11 所示,可以看到在优化过程中,势能函数 $V(r)$ 及其梯度(对应于平衡方程组(2.45))不断减小,这反映了方程求根问题和函数优化问题的等价性。

```
iter      V(r)      |f(r)|      |dr|
  1      0.457      3.246      0.260
  2      0.341      2.811      0.225
  3      0.243      2.375      0.190
  4      0.162      1.937      0.155
  5      0.099      1.499      0.120
  6      0.054      1.063      0.085
  7      0.025      0.636      0.051
  8      0.012      0.254      0.020
  9      0.009      0.184      0.015
 10      0.003      0.217      0.017
```

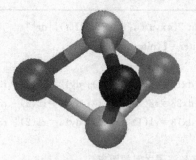

图 2-11　Newton 迭代法计算结果　　　**图 2-12　离子基团 $Na^+(NaCl)_2$ 的三维结构**

再来看一个实际的例子,这是一个由 3 个钠离子(深色)和 2 个氯离子(浅色)组成的离子基团 $Na^+(NaCl)_2$,其三维结构如图 2-12 所示。

现在定义体系总势能,也就是各个离子之间的相互作用势之和,即

$$V(\boldsymbol{r}) = \sum_{i,j} \left(\frac{q_i q_j}{4\pi\varepsilon_0 r_{ij}} + \delta_{ij} V_0 e^{-r_{ij}/r_0} \right) \tag{2.48}$$

式中:V_0 和 r_0 都是常数($V_0 = 1.09 \times 10^3 \, \text{eV}, r_0 = 0.321 \, \text{Å}$);$i, j$ 分别表示不同的离子;r_{ij} 是离子之间的距离;q_i、q_j 分别表示它们各自的电荷(钠离子 1.0e,氯离子 -1.0e);式中第二项是异号电荷之间的屏蔽势,满足下面的条件

$$\delta_{ij} = \begin{cases} 1, & q_i q_j < 0 \\ 0, & q_i q_j \geqslant 0 \end{cases} \tag{2.49}$$

现在,需要得到该离子基团的稳定构象,即求得矢量方程的根

$$\frac{\mathrm{d}}{\mathrm{d}r_i} V(\boldsymbol{r}) = 0, \quad i = 1, \cdots, 5 \tag{2.50}$$

体系中涉及 5 个离子、15 个自由度,因此需要联立求解 15 个非线性方程组成的方程组,非常复杂,使用最速下降法优化总势能函数 $V(\boldsymbol{r})$ 才是可行的做法,Fortran 代码如下。

```fortran
module mod_NaCl
    implicit none
    integer :: ionnum
    real * 8 :: potential
    real * 8,dimension(:,:,:),allocatable :: dis0,ioncoor,iongrad
    real * 8,dimension(:),allocatable :: ioncharge
contains

! 初始化,设定所有离子的电荷和初始坐标
subroutine initialize()
    ionnum=5
    allocate(ioncoor(1:3,1:ionnum),dis0(ionnum,ionnum),iongrad(1:3,ionnum),ioncharge(ionnum))
```

```fortran
  ioncharge(1:3)=1.0d0; ioncharge(4:5)=-1.0d0
  ioncoor(1:3,1)=(/-1.0,0.1,0.0/); ioncoor(1:3,2)=(/1.0,-0.1,0.0/); ioncoor(1:3,3)
=(/0.0,1.0,0.0/)
  ioncoor(1:3,4)=(/0.0,0.0,10.0/); ioncoor(1:3,5)=(/0.0,0.0,-10.0/)
end subroutine

! 最速下降法
subroutine steepest_descent(niter,stepsize)
  integer,intent(in) :: niter
  real * 8,intent(in) :: stepsize
  integer :: iter,i
  real * 8 :: gradsize,tpvec(3),dis_Na_Na,dis_Na_Cl,dis_Cl_Cl

  print "(a)","Iteration Energy grad Na-Cl Cl-Cl Na-Na"
  do iter=1,niter
! 计算梯度矢量及能量
    call get_iongrad()

! 计算梯度大小
    gradsize=0.0d0
    do i=1,ionnum
      gradsize=gradsize+dot_product(iongrad(1:3,i),iongrad(1:3,i))
    end do
    gradsize=sqrt(gradsize)

! 用最速下降法更新坐标
    do i=1,ionnum
      ioncoor(1:3,i)=ioncoor(1:3,i) - stepsize * iongrad(1:3,i)/gradsize
    end do

    if (mod(iter,50)==0) then
    tpvec(1:3)=ioncoor(1:3,1)-ioncoor(1:3,4)
    dis_Na_Cl=sqrt(dot_product(tpvec,tpvec))
    tpvec(1:3)=ioncoor(1:3,4)-ioncoor(1:3,5)
    dis_Cl_Cl=sqrt(dot_product(tpvec,tpvec))
    tpvec(1:3)=ioncoor(1:3,1)-ioncoor(1:3,2)
    dis_Na_Na=sqrt(dot_product(tpvec,tpvec))
! 输出步数、能量、梯度大小,以及钠离子-氯离子,氯离子-氯离子,钠离子-钠离子之间的距离
    print "(i9,2e10.2e1,3f10.3)",iter,potential,gradsize,dis_Na_Cl,dis_Cl_Cl,dis_Na_Na
    end if
```

```fortran
    end do
end subroutine

! 计算梯度矢量及能量
subroutine get_iongrad()
    real * 8,parameter :: eV=1.60217733d-19, epsilon0=8.854187817d-12, pi=3.1415926d0
    integer :: i,j
    real * 8 :: coeff1,coeff2,q1q2,r0,dis,dissq,tpvec(3),tpgrad(3,5)

    r0=0.321d0
    coeff1=(1.0d10 * * 2) * (eV * * 2) / (4.0d0 * pi * epsilon0); coeff2=1.0d10 * 1.09
* 1000.0d0 * eV
    iongrad(:,:,:)=0.0d0; potential=0.0d0
    do i=1,ionnum
        do j=i+1,ionnum
            tpvec(1:3)=ioncoor(1:3,j)-ioncoor(1:3,i)
            dissq=tpvec(1) * * 2+tpvec(2) * * 2+tpvec(3) * * 2; dis=sqrt(dissq)
            q1q2=ioncharge(i) * ioncharge(j)

            iongrad(1:3,i)=iongrad(1:3,i)+coeff1 * (q1q2/dissq) * (tpvec(1:3)/dis)
            iongrad(1:3,j)=iongrad(1:3,j) - coeff1 * (q1q2/dissq) * (tpvec(1:3)/dis)
            potential=potential+coeff1 * (q1q2/dis)

            if (q1q2 < 0.0d0) then
                iongrad(1:3,i)=iongrad(1:3,i)+coeff2 * exp(-dis/r0) * tpvec(1:3)/(r0 * dis)
                iongrad(1:3,j)=iongrad(1:3,j) - coeff2 * exp(-dis/r0) * tpvec(1:3)/(r0 * dis)
                potential=potential+coeff2 * exp(-dis/r0)
            end if
        end do
    end do
end subroutine
end module

program ions
    use mod_NaCl
    implicit none

    call initialize()                       ! 初始化,设定所有离子的电荷和初始坐标
    call steepest_descent(500,0.05d0)       ! 调用最速下降法优化分子结构,两个参数分别为优
                                              化步数及优化步长
end program
```

为保证代码结构清晰,特地把与离子基团相关的所有数据,以及初始化子程序、优化子程序都放在模块 mod_NaCl 中。主程序位置则在代码框的最下方。执行结果如图 2-13 所示。

```
"D:\temp\oscillator_optimization\Debug\Oscillator.exe"
Iteration    Energy      grad     Na-Cl    Cl-Cl    Na-Na
       50   0.47E-8   0.42E-8    10.090   19.631    4.409
      100  -0.18E-8   0.16E-8     9.903   18.406    6.664
      150  -0.49E-8   0.10E-8     9.288   16.020    8.410
      200  -0.73E-8   0.92E-8     8.217   12.731    9.188
      250  -0.97E-8   0.11E-8     6.841    9.249    8.845
      300  -0.13E-7   0.16E-8     5.317    6.229    7.517
      350  -0.18E-7   0.28E-8     3.750    4.003    5.506
      400  -0.24E-7   0.32E-9     2.574    2.832    3.724
      450  -0.24E-7   0.32E-9     2.574    2.832    3.724
      500  -0.24E-7   0.32E-9     2.574    2.832    3.724
```

图 2-13 离子基团 $Na^+(NaCl)_2$ 的优化结果

可以看到,在该离子基团的优化过程中,能量和梯度逐渐减小,各个离子之间的距离也在逐渐减小。到了优化的最后阶段(400 步以后),所有参数都趋于稳定,说明最速下降法的优化结果是收敛的,矢量方程(2.50)的根已经找到。

第三章　线性方程组

物理学上有很多问题,如电磁学中的静电场问题、结构力学中的杆梁受力问题、流体力学中速度场分布问题等,都可以用偏微分方程来描述。如果这些偏微分方程的边界条件完备,就可以通过有限差分或者有限元的方法将其转化为一个 $Ax=b$ 形式的线性方程组。因此,快捷高效地求解线性方程组是分析这些物理问题的必要前提,本章我们就来学习相关算法。

在开始学习以前,先准备两个源代码文件 Main. f90 和 Comphy_Linearsolver. f90,其中 Main. f90 的功能是启动程序,设置线性方程组的初始矩阵和向量,并调用各种算法求解。初始内容如下,以后会不断完善。

```
program main
  use Comphy_Linearsolver
  implicit none
  integer :: ndim,idim,imethod
  real * 8,allocatable,dimension(:,:) :: amatrix,iniamatrix
  real * 8,allocatable,dimension(:) :: bvector,xvector,inibvector
  real * 8 :: error
  print *

! 设置数组大小
  ndim=3
  allocate(iniamatrix(ndim,ndim),inibvector(ndim))
  allocate(amatrix(ndim,ndim),bvector(ndim),xvector(ndim))

! 设置初始矩阵 A 和向量 b
  iniamatrix(1,:)=(/4.0, 1.0, 2.0/);
  iniamatrix(2,:)=(/2.0, 1.0, 6.0/)
  iniamatrix(3,:)=(/8.0, 5.0, 2.0/)
  inibvector(:)=(/3.0, 6.0, 2.0/)

! 打印初始矩阵 A 和向量 b
  print "(a)","Initial matrix A"
  call printdata(ndim,ndim,iniamatrix)
  print "(a)","Initial vector b"
```

```
    call printdata(1,ndim,inibvector)

    do
! 打印算法清单
    print *
    print "(a)","All methods (0 exit)"
    print * ,"1：Gauss Elimation Method "            ! Gauss 消元法
    print * ,"2：LU Decomposition Method (Gauss)"     ! LU 分解法(Gauss 分解)
    print * ,"3：LU Decomposition Method (Doolittle)" ! LU 分解法(Doollittle 分解)
    print * ,"4：Jacobi Iteration Method"             ! Jacobi 迭代法
    print * ,"5：Gauss-Seidel Iteration Method"       ! Gauss-Seidel 迭代法
    print * ,"6：Overrelaxation Iteration Method"     ! 超松弛迭代法
    write ( * ,"(/,'Select method：',$)"); read( * ,"(i8)") imethod   ! 选择算法
    print *

    amatrix＝iniamatrix；bvector＝inibvector

! 调用算法求解线性方程组 Ax＝b
    select case(imethod)
    case (0) ! 退出
        exit
    case default
        print * ,"no such method!"; cycle
    end select

! 输出结果和误差
    print "(a,10f8.3)","Solution：",xvector(1：ndim)
    call check_error(ndim,iniamatrix,inibvector,xvector,error)
    print "(a,e10.1e2)","Error：",error
  end do
end program
```

　　主程序中提到的各类算法后面会一一介绍,模块文件 Comphy_Linearsolver. f90 则用来执行各种方程组求解算法,初始内容如下。

```
module Comphy_Linearsolver
implicit none

contains

! 检验方程组计算结果,输出误差
```

```
subroutine check_error(ndim,amatrix,bvector,xvector,error)
    integer,intent(in):: ndim
    real * 8,intent(in),dimension(ndim,ndim):: amatrix
    real * 8,intent(in),dimension(ndim):: bvector
    real * 8,intent(in),dimension(ndim):: xvector
    integer :: i
    real * 8,intent(out) :: error
    error=0.0d0
    do i=1,ndim
        error=error+(dot_product(amatrix(i,1:ndim),xvector(1:ndim)) - bvector(i)) * * 2
    end do
    error= sqrt(error/dble(ndim))
end subroutine


! 打印矩阵和向量
subroutine printdata(idim,jdim,array,lu)
    integer,intent(in):: idim,jdim
    real * 8,intent(in),dimension(idim,jdim):: array
    character(len=1),intent(in),optional :: lu    ! 输入参数,指定打印矩阵的上三角或下三角部分
    integer :: i
    real * 8,dimension(jdim):: tpvec
    do i=1,idim
        tpvec(1:jdim)=array(i,1:jdim)
        if (present(lu)) then
            select case (lu)
            case ("l")
                tpvec(i)=1.0; tpvec(i+1:jdim)=0.0d0
            case ("u")
                tpvec(1:i-1)=0.0d0
            end select
        end if
        print "(10f8.3)",tpvec(1:jdim)
    end do
end subroutine
```

可以看到,现在该计算模块中只有两个子程序,子程序 check_error 用来检验计算结果的误差。误差大小由方程组 $Ax=b$ 中向量 Ax 和 b 之间的均方差给出。如果方程组的解向量 x 结果正确,则误差为零。子程序 printdata 则用来打印矩阵和向量数据(对于矩阵,可根据需要选择性输出上三角或下三角矩阵元)。以后我们将逐步

向这个模块中添加各种算法的实现代码。

第 1 节　Gauss 消元法

　　线性方程组与上一章的非线性方程组相似,同样可以用方程求根或者函数优化的思路来迭代求解。但迭代法只能逼近解向量,误差或多或少不可避免。其实,由于线性方程组的形式简单,还可以选择直接求解的思路,一次性准确求出方程组的解向量。

　　在高等数学中,n 维线性方程组可以用矩阵形式表述,即

$$\begin{bmatrix} a_{11} & \cdots & a_{1n} \\ \vdots & \ddots & \vdots \\ a_{n1} & \cdots & a_{nn} \end{bmatrix} \begin{bmatrix} x_1 \\ \vdots \\ x_n \end{bmatrix} = \begin{bmatrix} b_1 \\ \vdots \\ b_n \end{bmatrix} \tag{3.1}$$

上式中的三项分别称为系数矩阵、解向量和常数向量。我们可以使用 Cramer 法则来直接求出该方程组的解向量,即

$$x_i = \frac{D_i}{D}, \quad i = 1, \cdots, n \tag{3.2}$$

这里 D_i 和 D 都是行列式,即

$$D_i = \det \begin{bmatrix} a_{11} & \cdots & a_{1i-1} & b_1 & a_{1i+1} & \cdots & a_{1n} \\ \vdots & & \vdots & \vdots & \vdots & & \vdots \\ a_{n1} & \cdots & a_{ni-1} & b_n & a_{ni+1} & \cdots & a_{nn} \end{bmatrix} \tag{3.3}$$

$$D = \det(\boldsymbol{A})$$

该公式非常简单,但计算一个任意的 n 维行列式,需要做 $(n-1) \times n!$ 次乘法运算(行列式展开一共有 $n!$ 项,每一项有 n 个元素相乘),要解出解向量中的所有元素,一共需要计算 $n+1$ 个行列式(分母上的行列式可以重复利用),因此,求解线性方程组总共需要的乘法运算量为 $(n+1) \times (n-1) \times n!$。而我们实际要面对的物理问题,其维数 n 动则上万,相应的计算量是惊人的,即使高速计算机也难以完成,因此迫切需要更为高效的算法。本小节将要介绍第一种算法,即 Gauss 消元法。它简单实用,且是其他一些方法的基础,所以有必要先来学习。

　　它的思路是将方程组对应的增广矩阵中的系数矩阵 $\boldsymbol{A}$ 等价变换为三角阵或者对角阵的形式,做到了这一步,方程组的解就很容易得到。我们先来回顾一下增广矩阵所有的等价变换方法。

$$(\boldsymbol{A} \mid \boldsymbol{b}) = \begin{bmatrix} a_{11} & a_{12} & \cdots & a_{1n} & b_1 \\ a_{21} & a_{22} & \cdots & a_{2n} & b_2 \\ \vdots & \vdots & \ddots & \vdots & \vdots \\ a_{n1} & a_{n2} & \cdots & a_{nn} & b_n \end{bmatrix} \tag{3.4}$$

　　(1) 交换增广矩阵中任意两行,方程组的解不变。
　　(2) 增广矩阵中任意一行乘上任意一个非零常数以后,方程组的解不变。

（3）增广矩阵中任意一行乘上任意一个非零常数以后，再与另外一行相加，方程组的解不变。

基于这些等价变换方法，可以逐步将增广矩阵中的矩阵 $\boldsymbol{A}$ 一列一列地消去对角元以下元素，最终将其变换为三角矩阵，然后再用回代方法求出方程组的解，这就是 Gauss 消元法。具体操作过程如下。

（1）将增广矩阵中第 1 行所有元素 a_{1j} 乘以常数$(-a_{21}/a_{11})$ 后，与第 2 行相应元素相加，并替换第 2 行原有元素，则

$$a_{2j}^{(2)}=a_{2j}+a_{1j}\times\left(\frac{-a_{21}}{a_{11}}\right),\quad j=1,\cdots,n \tag{3.5}$$

这样，增广矩阵中第 2 行第 1 列元素 a_{21} 被设置为零（上式中的上标（2）表示矩阵第 2 行所有行元素被更新一次）。

（2）类似地，将增广矩阵中第 1 行所有元素 a_{1j} 乘以常数$(-a_{31}/a_{11})$ 后，与第 3 行相应元素相加，并替换第 3 行原有元素，则

$$a_{3j}^{(2)}=a_{3j}+a_{1j}\times\left(\frac{-a_{31}}{a_{11}}\right),\quad j=1,\cdots,n \tag{3.6}$$

这样，增广矩阵中第 3 行第 1 列元素 a_{31} 也被设置为零。

（3）重复（1）、（2）步，直至将增广矩阵中第 1 列 a_{11} 以下元素全部归零，则

$$\begin{pmatrix} a_{11} & a_{12} & \cdots & a_{1n} & b_1 \\ a_{21} & a_{22} & \cdots & a_{2n} & b_2 \\ \vdots & \vdots & \ddots & \vdots & \vdots \\ a_{n1} & a_{n2} & \cdots & a_{nn} & b_n \end{pmatrix} \xrightarrow[\substack{i=2,\cdots,n \\ j=1,\cdots,n}]{a_{ij}^{(2)}=a_{ij}+a_{1j}\times\left(\frac{-a_{i1}}{a_{11}}\right)} \begin{pmatrix} a_{11} & a_{12} & \cdots & a_{1n} & b_1 \\ 0 & a_{22}^{(2)} & \cdots & a_{2n}^{(2)} & b_2^{(2)} \\ \vdots & \vdots & \ddots & \vdots & \vdots \\ 0 & a_{n2}^{(2)} & \cdots & a_{nn}^{(2)} & b_n^{(2)} \end{pmatrix} \tag{3.7}$$

（4）采用相似的思路，下面开始处理第 2 列。将增广矩阵中第 2 行所有元素 a_{2j} 乘以一个常数后，与第 3 行相应元素相加，并替换第 3 行原有元素，则

$$a_{3j}^{(3)}=a_{3j}^{(2)}+a_{2j}^{(2)}\times\left(\frac{-a_{32}^{(2)}}{a_{22}}\right),\quad j=2,\cdots,n \tag{3.8}$$

上式中的上标（3）表示矩阵第 3 行所有行矩阵元在迭代两步后被更新两次（这里 j 从 2 开始是因为第 2 行和第 3 行的行首元素都已经是零，无需操作）。这样，第 3 行所有元素经过更新以后，a_{32} 也被设置为零。

（5）重复（4）步，直至将增广矩阵中第 2 列 a_{22} 以下元素全部归零，则

$$\begin{pmatrix} a_{11} & a_{12} & \cdots & a_{1n} & b_1 \\ 0 & a_{22}^{(2)} & \cdots & a_{2n}^{(2)} & b_2^{(2)} \\ \vdots & \vdots & \ddots & \vdots & \vdots \\ 0 & a_{n2}^{(2)} & \cdots & a_{nn}^{(2)} & b_n^{(2)} \end{pmatrix} \xrightarrow[\substack{i=3,\cdots,n \\ j=2,\cdots,n}]{a_{ij}^{(3)}=a_{ij}^{(2)}+a_{2j}^{(2)}\times\left(\frac{-a_{i2}^{(2)}}{a_{22}^{(2)}}\right)} \begin{pmatrix} a_{11} & a_{12} & a_{13} & \cdots & a_{1n} & b_1 \\ 0 & a_{22}^{(2)} & a_{23}^{(2)} & \cdots & a_{2n}^{(2)} & b_2^{(2)} \\ 0 & 0 & a_{33}^{(3)} & \cdots & a_{3n}^{(3)} & b_3^{(3)} \\ \vdots & \vdots & \vdots & \ddots & \vdots & \vdots \\ 0 & 0 & a_{n3}^{(3)} & \cdots & a_{nn}^{(3)} & b_n^{(3)} \end{pmatrix}$$

$$\tag{3.9}$$

（6）经过 $n-1$ 步迭代以后，所有对角元以下矩阵元归零，增广矩阵中的 $\boldsymbol{A}$ 矩阵

最终被转化为上三角矩阵,即

$$
\begin{pmatrix}
a_{11} & a_{12} & a_{13} & \cdots & a_{1n} & b_1 \\
0 & a_{22}^{(2)} & a_{23}^{(2)} & \cdots & a_{2n}^{(2)} & b_2^{(2)} \\
0 & 0 & a_{33}^{(3)} & \cdots & a_{3n}^{(3)} & b_3^{(3)} \\
\vdots & \vdots & \vdots & \ddots & \vdots & \vdots \\
0 & 0 & 0 & \cdots & a_{nn}^{(n)} & b_n^{(n)}
\end{pmatrix}
$$

（7）解上三角矩阵对应的线性方程组。首先求出解向量的最后一个元素 x_n,即

$$
x_n = \frac{b_n^{(n)}}{a_{nn}^{(n)}} \tag{3.10}
$$

然后利用 x_n 来求出解向量中倒数第 2 个元素 x_{n-1},即

$$
x_{n-1} = \frac{b_{n-1}^{(n-1)} - a_{n-1,n}^{(n-1)} x_n}{a_{n-1,n-1}^{(n-1)}} \tag{3.11}
$$

依次回代,可以求得完整的解向量为

$$
x_i = \frac{b_i^{(i)} - \sum_{j=i+1}^{n} a_{ij}^{(i)} x_j}{a_{ii}^{(i)}}, \quad i = 1, \cdots, n-1 \tag{3.12}
$$

以上就是 Gauss 消元法的基本步骤,概括来说可以分为两个阶段:第一个阶段是将线性方程组中的系数矩阵转化为上三角矩阵形式;第二个阶段是利用回代方法解该上三角形式的方程组。Gauss 消元法结构清晰,易于实现,能够很好地求解一般的线性方程组。但需要注意一点:在(1)~(5)步操作中,需要将系数矩阵中的对角元 a_{ii} 放在分母上做除法运算,如果该对角元远小于所在列的其他矩阵元,则计算结果会有较大误差。因此,我们有必要在消除每一列下三角元素之前,先做行交换处理,即把当前列中元素最大的一行与对角元所在的那一行所有元素做交换,这一过程称为列主元交换,它对于改进 Gauss 消元法的计算结果有很大帮助。

Gauss 消元法计算代码如下。

```
! 高斯消元法解线性方程组 Ax=b
subroutine GaussElimation(ndim,amatrix,bvector,xvector)
  integer,intent(in):: ndim
  real * 8:: amatrix(ndim,ndim),bvector(ndim),xvector(ndim)
  integer:: i,j
  real * 8:: mij,tpvec(ndim),tpvalue

! 将系数矩阵转换为三角矩阵
  do j=1,ndim
! 开始处理系数矩阵中的第 j 列,先做列主元交换
    do i=j+1,ndim
```

```
        if (abs(amatrix(j,j)) < abs(amatrix(i,j))) then
            tpvec(j:ndim)=amatrix(i,j:ndim)
            amatrix(i,j:ndim)=amatrix(j,j:ndim); amatrix(j,j:ndim)=tpvec(j:ndim)
            tpvalue=bvector(i); bvector(i)=bvector(j); bvector(j)=tpvalue
        end if
    end do
! 将系数矩阵第 j 列中对角元以下列元素归零
    do i=j+1,ndim
        mij=-amatrix(i,j)/amatrix(j,j)
        amatrix(i,j:ndim)=amatrix(i,j:ndim)+mij * amatrix(j,j:ndim)
        bvector(i)=bvector(i)+mij * bvector(j)
    end do
end do


! 用回代方法解上三角方程组
    xvector(:)=0.0d0
    do i=ndim,1,-1
        tpvalue=dot_product(amatrix(i,i+1:ndim),xvector(i+1:ndim))
        xvector(i)=(bvector(i) - tpvalue)/amatrix(i,i)      ! 解出 x(i)
    end do
end subroutine
```

该子程序需要四个参数,分别是矩阵维数(ndim)、系数矩阵(amatrix)、常数向量(bvector)和解向量(xvector)。代码结构分为两个部分:第一部分代码用来将增广矩阵中的系数矩阵 **A** 变换到上三角形式;第二部分代码用回代方法来解上三角形式的方程组,最后返回方程组的解。为执行该算法,在主程序中加入下面的调用语句。

```
! 调用算法求解线性方程组 Ax=b
    select case(imethod)
    case (1)        ! 调用 Gauss 消元法
        call GaussElimation(ndim,amatrix,bvector,xvector)
    case (0)        ! 退出
        exit
    case default
        print * ,"no such method!"; cycle
    end select
```

至此,一个完整的线性方程组计算程序就编写完成。

现在来做一个实际的测试。求解线性方程组

$$\begin{pmatrix} 4 & 1 & 2 \\ 2 & 1 & 6 \\ 8 & 5 & 2 \end{pmatrix} \begin{pmatrix} x_1 \\ x_2 \\ x_3 \end{pmatrix} = \begin{pmatrix} 3 \\ 6 \\ 2 \end{pmatrix}$$

计算结果如图 3-1 所示。

```
C:\Windows\system32\cmd.exe - a.exe

Initial matrix A
   4.000   1.000   2.000
   2.000   1.000   6.000
   8.000   5.000   2.000
Initial vector b
   3.000   6.000   2.000


All methods (0 exit)
 1: Gauss Elimation Method
 2: LU Decomposition Method (Gauss)
 3: LU Decomposition Method (Doolittle)
 4: Jacobi Iteration Method
 5: Gauss-Seidel Iteration Method
 6: Overrelaxation Iteration Method

Select method: 1

Solution:   0.438  -0.688   0.969
  Error:    0.5E-15
```

图 3-1 Gauss 消元法解线性方程的计算结果

结果显示,解向量为(0.438 -0.688 0.969),代回方程组中,输出误差为 0.5×10^{-15},表明结果是正确的。另外要说明一点,因为这里的解向量是一次性计算就得到的,并没有像第二章(方程求根)那样做反复迭代,因此它只有舍入误差。

Gauss 消元法还有两个非常好的用途。第一个是可以计算矩阵的行列式。理论上,矩阵行列式本可以用下面的公式计算

$$|A| = \sum_{k=1}^{n} a_{ik} \left[(-1)^{(i+k)} M_{ik} \right] \tag{3.13}$$

这里 A 是输入矩阵,a_{ik} 是其矩阵元,M_{ik} 为对应的代数余子式。该公式计算量很大,对于大型矩阵来说并不实用。由于行列式的等价变换规则与线性方程组的类似,故 Gauss 消元法同样可以将行列式变换为上三角形式

$$\begin{vmatrix} a_{11} & a_{12} & \cdots & a_{1n} \\ a_{21} & a_{22} & \cdots & a_{2n} \\ \vdots & \vdots & \ddots & \vdots \\ a_{n1} & a_{n2} & \cdots & a_{nn} \end{vmatrix} \Rightarrow \begin{vmatrix} a_{11} & a_{12} & \cdots & a_{1n} \\ 0 & a_{22}^{(2)} & \cdots & a_{2n}^{(2)} \\ \vdots & \vdots & \ddots & \vdots \\ 0 & 0 & \cdots & a_{nn}^{(n)} \end{vmatrix} \tag{3.14}$$

这样,行列式的值直接就是所有对角元的乘积了。实现代码如下。

```fortran
! 使用 Gauss 消元法计算行列式
subroutine getMatrixDeterminant(ndim,amatrix,determinant)
  integer,intent(in)::ndim
  real*8,intent(in),dimension(ndim,ndim)::amatrix
  real*8,intent(out) :: determinant
  integer::i,j
  real*8:: mij,tpmatrix(ndim,ndim),tpvec(ndim)

  tpmatrix=amatrix; determinant=1.0d0
  do j=1,ndim
! 先做列主元交换
    do i=j+1,ndim
      if (abs(tpmatrix(j,j)) < abs(tpmatrix(i,j))) then
        tpvec(j:ndim)=tpmatrix(i,j:ndim)
        tpmatrix(i,j:ndim)=tpmatrix(j,j:ndim); tpmatrix(j,j:ndim)=tpvec(j:ndim)
      end if
    end do
! 用 Gauss 消元法消去对角元以下列矩阵元
    do i=j+1,ndim
      mij=tpmatrix(i,j)/tpmatrix(j,j)
      tpmatrix(i,j:ndim)=tpmatrix(i,j:ndim) - mij * tpmatrix(j,j:ndim)
    end do
    determinant=determinant * tpmatrix(j,j)
  end do
end subroutine
```

Gauss 消元法的第二个应用是求矩阵的逆。思路是先列出如下两个线性方程组,形式虽然不同,但它们的解都是 A^{-1},如果使用 Gauss 消元法将第一个方程组对应的增广矩阵 $(A|I)$ 变换为第二个方程组对应的增广矩阵 $(I|A^{-1})$,则该增广矩阵的右半部分自然就是输入矩阵的逆矩阵了。

$$\begin{cases} AA^{-1}=I \\ IA^{-1}=A^{-1} \end{cases} \tag{3.15}$$

实现代码如下。

```fortran
! 使用 Gauss 消元法计算矩阵的逆
subroutine inverseMatrix(ndim,optmatrix)
  integer,intent(in) :: ndim
  real*8,intent(inout) :: optmatrix(ndim,ndim)
```

```
    integer :: i,j
    real * 8 :: tpmatrix(ndim,2 * ndim),mij,tpvec(ndim * 2)
```

! 建立复合矩阵（A|I）
```
    do i=1,ndim
        tpmatrix(i,1:ndim)=optmatrix(i,1:ndim)                    ! 复合矩阵左侧为输入矩阵
        tpmatrix(i,ndim+1:ndim * 2)=0.0d0; tpmatrix(i,ndim+i)=1.0d0
                                                                 ! 复合矩阵右侧为单位矩阵
    end do
```

! 将复合矩阵左半矩阵变换为单位矩阵
```
    do j=1,ndim
```
! 先做列主元交换
```
        do i=j+1,ndim
            if (abs(tpmatrix(j,j)) < abs(tpmatrix(i,j))) then
                tpvec(j:2 * ndim)=tpmatrix(i,j:2 * ndim)
                tpmatrix(i,j:2 * ndim)=tpmatrix(j,j:2 * ndim); tpmatrix(j,j:2 * ndim)=tpvec(j:
                                    2 * ndim)
            end if
        end do
        tpmatrix(j,j:2 * ndim)=tpmatrix(j,j:2 * ndim)/tpmatrix(j,j)    ! 将j行对角元约化为1
```
! 用 Gauss 消元法消去 j 列对角元以外列矩阵元
```
        do i=1,ndim
            if (i==j) cycle
            mij=tpmatrix(i,j)/tpmatrix(j,j)
            tpmatrix(i,j:2 * ndim)=tpmatrix(i,j:2 * ndim)-mij * tpmatrix(j,j:2 * ndim)
        end do
    end do
```

! 将复合矩阵右半矩阵作为逆矩阵输出
```
    do i=1,ndim
        optmatrix(i,1:ndim)=tpmatrix(i,ndim+1:2 * ndim)
    end do
end subroutine
```

我们可以设计一个简单的方案来同时检验上述两个子程序。建立矩阵

$$A=\begin{pmatrix} 4 & 1 & 2 \\ 2 & 1 & 6 \\ 8 & 5 & 2 \end{pmatrix}$$

首先用子程序 getMatrixDeterminant 计算它的行列式 $|A|$，然后用子程序 inverseMatrix 计算它的逆 A^{-1}，最后再次用子程序 getMatrixDeterminant 计算其行列式 $|A^{-1}|$，如果两个行列式的乘积为 1，则表明上述代码是正确的。下面是用于测试的主程序。

```
! 测试代码,用于检验矩阵行列式与矩阵求逆的计算结果
program main
  use Comphy_Linearsolver
  implicit none
  real * 8 :: det1,det2,amatrix(3,3)
  print *
! 设置初始矩阵 A
  amatrix(1,:) = (/4.0, 1.0, 2.0/)
  amatrix(2,:) = (/2.0, 1.0, 6.0/)
  amatrix(3,:) = (/8.0, 5.0, 2.0/)
  call getMatrixDeterminant(3,amatrix,det1)        ! 计算矩阵的行列式 |A|
  call inverseMatrix(3,amatrix)                    ! 计算矩阵的逆 A⁻¹
  call getMatrixDeterminant(3,amatrix,det2)        ! 计算矩阵的逆的行列式 |A⁻¹|
  print "(3(a,f7.3,5x))","|A|=",det1,"|A-1|=",det2,"|A|*|A-1|=",det1*det2
end program
```

测试结果为 $|A| = -64.0$，$|A^{-1}| = -0.016$，$|A||A^{-1}| = 1.0$，计算结果与理论结果一致。

第 2 节　　LU 分解法

求解线性方程组还有一个更为直接的方法。将系数矩阵 A 分解成两个三角矩阵 L 和 U，即

$$A = \begin{bmatrix} a_{11} & a_{12} & \cdots & a_{1n} \\ a_{21} & a_{22} & \cdots & a_{2n} \\ \vdots & \vdots & \ddots & \vdots \\ a_{n1} & a_{n2} & \cdots & a_{nn} \end{bmatrix} = \begin{bmatrix} 1 & & & \\ l_{21} & 1 & & \\ \vdots & \vdots & \ddots & \\ l_{n1} & l_{n2} & \cdots & 1 \end{bmatrix} \begin{bmatrix} u_{11} & u_{12} & \cdots & u_{1n} \\ & u_{22} & \cdots & u_{2n} \\ & & \ddots & \vdots \\ & & & u_{nn} \end{bmatrix} = LU$$

$$(3.16)$$

该矩阵分解过程称为 LU 分解。分解过后,只需再经过两次简单的顺代和回代过程, $Ly = b$, $Ux = y$, 即可以求出方程组的解向量。现在关键是如何分解系数矩阵 A。

受前面 Gauss 消元法的启发,我们发现经过一系列消元过程以后,增广矩阵中的系数矩阵 A 已经变成了上三角矩阵 U。这时,如果把消元操作看成是左乘了一个

变换矩阵 M,即 $MA=U$,那么很自然地有 $A=M^{-1}U$,则系数矩阵 A 分解出来的下三角矩阵 L 就是 M^{-1},这样分解就完成了。当然,一般矩阵直接求逆会非常麻烦,但这里 Gauss 消元操作对应的矩阵 M 很特殊,其逆矩阵很容易求得。其具体过程如下。

(1) 用 Gauss 消元法消去系数矩阵 A 的第一列,等同于左乘一个矩阵 L_1,即

$$L_1A=A^{(2)}=\begin{bmatrix} a_{11} & a_{12} & \cdots & a_{1n} & b_1 \\ 0 & a_{22}^{(2)} & \cdots & a_{2n}^{(2)} & b_2^{(2)} \\ \vdots & \vdots & \ddots & \vdots & \vdots \\ 0 & a_{n2}^{(2)} & \cdots & a_{nn}^{(2)} & b_n^{(2)} \end{bmatrix} \tag{3.17}$$

这里的 L_1 形式为

$$L_1=\begin{bmatrix} 1 & & & & \\ m_{21} & 1 & & & \\ m_{31} & 0 & 1 & & \\ \vdots & \vdots & \vdots & \ddots & \\ m_{n1} & 0 & \cdots & \cdots & 1 \end{bmatrix}, \quad m_{i1}=\frac{-a_{i1}}{a_{11}}, \quad i=2,\cdots,n \tag{3.18}$$

(2) 类似地,消去更新后的系数矩阵 $A^{(2)}$ 的第二列,等同于再左乘一个矩阵 L_2,即

$$L_2L_1A=L_2A^{(2)}=\begin{bmatrix} a_{11} & a_{12} & a_{13} & \cdots & a_{1n} & b_1 \\ 0 & a_{22}^{(2)} & a_{23}^{(2)} & \cdots & a_{2n}^{(2)} & b_2^{(2)} \\ 0 & 0 & a_{33}^{(3)} & \cdots & a_{3n}^{(3)} & b_3^{(3)} \\ \vdots & \vdots & \vdots & \ddots & \vdots & \vdots \\ 0 & 0 & a_{n3}^{(3)} & \cdots & a_{nn}^{(3)} & b_n^{(3)} \end{bmatrix} \tag{3.19}$$

这里的变换矩阵 L_2 形式为

$$L_2=\begin{bmatrix} 1 & & & & \\ 0 & 1 & & & \\ 0 & m_{32} & 1 & & \\ \vdots & \vdots & \vdots & \ddots & \\ 0 & m_{n2} & \cdots & \cdots & 1 \end{bmatrix}, \quad m_{i2}=\frac{-a_{i2}^{(2)}}{a_{22}^{(2)}}, \quad i=3,\cdots,n \tag{3.20}$$

(3) 不断重复上述过程,经过 $n-1$ 次变换后,系数矩阵变为上三角矩阵 U,即

$$L_{n-1}\cdots L_2L_1A=\begin{bmatrix} a_{11} & a_{12} & a_{13} & \cdots & a_{1n} & b_1 \\ 0 & a_{22}^{(2)} & a_{23}^{(2)} & \cdots & a_{2n}^{(2)} & b_2^{(2)} \\ 0 & 0 & a_{33}^{(3)} & \cdots & a_{3n}^{(3)} & b_3^{(3)} \\ \vdots & \vdots & \vdots & \ddots & \vdots & \vdots \\ 0 & 0 & 0 & \cdots & 0 & b_n^{(n)} \end{bmatrix}=U \tag{3.21}$$

式中:$L_{n-1}\cdots L_2L_1$ 就是合成变换矩阵 M,即

$$M = L_{n-1} \cdots L_2 L_1 = \begin{pmatrix} 1 & & & & \\ m_{21} & 1 & & & \\ m_{31} & m_{32} & 1 & & \\ \vdots & \vdots & \cdots & \ddots & \\ m_{n1} & m_{n2} & \cdots & \cdots & 1 \end{pmatrix}, m_{ij} = \frac{-a_{ij}^{(i)}}{a_{jj}^{(i)}}; i = 2, \cdots, n; j = 1, \cdots, n$$

(3.22)

如前所述,合成变换矩阵 M 的逆即为系数矩阵 A 分解后的下三角矩阵 L,即

$$L = M^{-1} = \begin{pmatrix} 1 & & & & \\ -m_{21} & 1 & & & \\ -m_{31} & -m_{32} & 1 & & \\ \vdots & \vdots & \vdots & \ddots & \\ -m_{n1} & -m_{n2} & \cdots & & 1 \end{pmatrix}, \quad m_{ij} = \frac{-a_{ij}^{(i)}}{a_{jj}^{(i)}}, i = 2, \cdots, n; j = 1, \cdots, n$$

(3.23)

系数矩阵 A 的 LU 分解过程完成。

(4) 利用顺代求解,解出下三角方程组 $Ly = b$ 的解向量 y,即

$$\begin{pmatrix} 1 & & & \\ l_{21} & 1 & & \\ \vdots & \vdots & \ddots & \\ l_{n1} & l_{n2} & \cdots & 1 \end{pmatrix} \begin{pmatrix} y_1 \\ y_2 \\ \vdots \\ y_n \end{pmatrix} = \begin{pmatrix} b_1 \\ b_2 \\ \vdots \\ b_n \end{pmatrix}$$

(3.24)

顺代公式为

$$y_i = b_i - \sum_{j=1}^{i-1} l_{ij} y_j, \quad i = 1, \cdots, n$$

(3.25)

(5) 利用回代求解,解出上三角方程组 $Ux = y$ 的解向量 x,即

$$\begin{pmatrix} u_{11} & u_{12} & \cdots & u_{1n} \\ & u_{22} & \cdots & u_{2n} \\ & & \ddots & \vdots \\ & & & u_{nn} \end{pmatrix} \begin{pmatrix} x_1 \\ x_2 \\ \vdots \\ x_n \end{pmatrix} = \begin{pmatrix} y_1 \\ y_2 \\ \vdots \\ y_n \end{pmatrix}$$

(3.26)

回代公式为

$$x_i = \frac{y_i - \sum_{j=i+1}^{n} u_{ij} x_j}{u_{ii}}, \quad i = 1, \cdots, n$$

(3.27)

至此,线性方程组 $Ax = b$ 的解向量可以全部得到。因为它是以 Gauss 消元法为基础的,不妨将实现该算法的子程序命名为 LUDecomposition_Gauss,实现代码如下。

```
! LU 分解法解线性方程组 Ax＝b（Gauss 分解）
subroutine LUDecomposition_Gauss(ndim,amatrix,bvector,xvector)
```

```
      integer,intent(in)::ndim
      real * 8:: amatrix(ndim,ndim),bvector(ndim),xvector(ndim)
      integer:: i,j
      real * 8:: mij,tpvalue,yvector(ndim),tpvec(ndim)

! 将系数矩阵 amatrix 做 LU 分解,分解后的 L、U 矩阵仍然存储在系数矩阵中
      do j=1,ndim
        do i=j+1,ndim
           mij=-amatrix(i,j)/amatrix(j,j)
           amatrix(i,j:ndim)=amatrix(i,j:ndim)+mij * amatrix(j,j:ndim)
           amatrix(i,j)=-mij
        end do
      end do

! 打印分解后的三角矩阵
      print "(a)","Upper Matrix"; call printdata(3,3,amatrix,"u")
      print "(a)","Lower Matrix"; call printdata(3,3,amatrix,"l"); print *

      xvector(:)=0.0d0; yvector(:)=0.0d0
! 用顺代方法解下三角方程组 Ly=b
      do i=1,ndim
           tpvalue=dot_product(amatrix(i,1:i-1),yvector(1:i-1))
           yvector(i)=bvector(i) - tpvalue
      end do
      bvector(:)=yvector(:)

! 用回代方法解上三角方程组 Ux=y
      do i=ndim,1,-1
           tpvalue=dot_product(amatrix(i,i+1:ndim),xvector(i+1:ndim))
           xvector(i)=(bvector(i) - tpvalue)/amatrix(i,i)
      end do
end subroutine
```

　　以上代码分为三个部分:第一部分用来将增广矩阵中的系数矩阵分解为两个三角矩阵,但因为这两个三角矩阵的矩阵元位置不重合,所以它们可以同时被存储在原来的系数矩阵中以减少内存占用;第二部分代码用顺代方法来解下三角形式的方程组 $Ly = b$;第三部分代码用回代方法解上三角形式的方程组 $Ux = y$。为调用该算法,在主程序中加入下面的语句。

```
! 调用算法求解线性方程组 Ax=b
    select case(imethod)
    case（1）         ! 调用 Gauss 消元法
        call GaussElimation(ndim,amatrix,bvector,xvector)
    case（2）         ! 调用 LU 分解法（Gauss 分解）
        call LUDecomposition_Gauss(ndim,amatrix,bvector,xvector)
    case（0）         ! 退出
        exit
    case default
        print * ,"no such method!"; cycle
    end select
```

　　至此，完整的基于 Gauss 消元的 LU 分解算法实现代码已编写完成。同样来计算下面的线性方程组

$$\begin{pmatrix} 4 & 1 & 2 \\ 2 & 1 & 6 \\ 8 & 5 & 2 \end{pmatrix} \begin{pmatrix} x_1 \\ x_2 \\ x_3 \end{pmatrix} = \begin{pmatrix} 3 \\ 6 \\ 2 \end{pmatrix}$$

计算结果如图 3-2 所示。可以看到，程序输出了分解后的上三角矩阵和下三角矩阵，并得到了解向量 $(0.438 \quad -0.688 \quad 0.969)$，它与上一小节 Gauss 消元法的结果是

```
C:\Windows\system32\cmd.exe - a.exe

Initial matrix A
   4.000    1.000    2.000
   2.000    1.000    6.000
   8.000    5.000    2.000
Initial vector b
   3.000    6.000    2.000

All methods (0 exit)
 1: Gauss Elimation Method
 2: LU Decomposition Method (Gauss)
 3: LU Decomposition Method (Doolittle)
 4: Jacobi Iteration Method
 5: Gauss-Seidel Iteration Method
 6: Overrelaxation Iteration Method

Select method: 2

Upper Matrix
   4.000    1.000    2.000
   0.000    0.500    5.000
   0.000    0.000  -32.000
Lower Matrix
   1.000    0.000    0.000
   0.500    1.000    0.000
   2.000    6.000    1.000

Solution:    0.438   -0.688    0.969
  Error:    0.0E+00
```

图 3-2　LU 分解法（Gauss）解线性方程组的计算结果

一致的，误差为零（累积的舍入误差过小，计算机已经无法区分）。

要分解线性方程组中的系数矩阵，除了用 Gauss 消元法外，还可以用 Doolittle 分解法来做，这是一种非常直观的分解算法。以 4×4 的系数矩阵 A 为例，它可以被分解成下三角矩阵 L 和上三角矩阵 U，即 $A=LU$。

$$\begin{bmatrix} a_{11} & a_{12} & a_{13} & a_{14} \\ a_{21} & a_{22} & a_{23} & a_{24} \\ a_{31} & a_{32} & a_{33} & a_{34} \\ a_{41} & a_{42} & a_{43} & a_{44} \end{bmatrix} = \begin{bmatrix} 1 & 0 & 0 & 0 \\ l_{21} & 1 & 0 & 0 \\ l_{31} & l_{32} & 1 & 0 \\ l_{41} & l_{42} & l_{43} & 1 \end{bmatrix} \begin{bmatrix} u_{11} & u_{12} & u_{13} & u_{14} \\ 0 & u_{22} & u_{23} & u_{24} \\ 0 & 0 & u_{33} & u_{34} \\ 0 & 0 & 0 & u_{44} \end{bmatrix} \tag{3.28}$$

将等式右边的 L 矩阵和 U 矩阵合并，得到

$$\begin{bmatrix} a_{11} & a_{12} & a_{13} & a_{14} \\ a_{21} & a_{22} & a_{23} & a_{24} \\ a_{31} & a_{32} & a_{33} & a_{34} \\ a_{41} & a_{42} & a_{43} & a_{44} \end{bmatrix}$$

$$= \begin{bmatrix} u_{11} & u_{12} & u_{13} & u_{14} \\ l_{21}u_{11} & l_{21}u_{12}+u_{22} & l_{21}u_{13}+u_{23} & l_{21}u_{14}+u_{24} \\ l_{31}u_{11} & l_{31}u_{12}+l_{32}u_{22} & l_{31}u_{13}+l_{32}u_{23}+u_{33} & l_{31}u_{14}+l_{32}u_{24}+u_{34} \\ l_{41}u_{11} & l_{41}u_{12}+l_{42}u_{22} & l_{41}u_{13}+l_{42}u_{23}+l_{43}u_{33} & l_{41}u_{14}+l_{42}u_{24}+l_{43}u_{34}+u_{34} \end{bmatrix} \tag{3.29}$$

然后，从第一行和第一列开始，利用系数矩阵 A 的矩阵元来逐步求出矩阵 L 和矩阵 U 的矩阵元，详细步骤如下。

（1）矩阵 A 的第一行与矩阵 LU 的第一行矩阵元相等，可以直接得到矩阵 U 的第一行矩阵元。

$$u_{1j}=a_{1j}, \quad j=1,\cdots,n \tag{3.30}$$

（2）矩阵 A 的第一列与矩阵 LU 的第一列相等（对角元以下），即

$$a_{i1}=l_{i1}u_{11}, \quad i=2,\cdots,n \tag{3.31}$$

因为 u_{11} 上一步已经求出，而所有的 a_{i1} 都是已知的，所以矩阵 L 第一列矩阵元可以直接计算出来，即

$$l_{i1}=\frac{a_{i1}}{u_{11}}, \quad i=2,\cdots,n \tag{3.32}$$

（3）矩阵 A 的第二行与矩阵 LU 的第二行相等（对角元以右），即

$$a_{2j}=l_{21}u_{1j}+u_{2j}, \quad j=2,\cdots,n \tag{3.33}$$

同样，因为 l_{21} 和矩阵 U 的第一行 u_{1j} 已经求出，且所有的 a_{2j} 已知，所以可以直接计算矩阵 U 的第二行矩阵元

$$u_{2j}=a_{2j}-l_{21}u_{1j}, \quad j=2,\cdots,n \tag{3.34}$$

（4）矩阵 A 的第二列与矩阵 LU 的第二列相等（对角元以下），即

$$a_{i2}=l_{i1}u_{12}+l_{i2}u_{22}, \quad i=3,\cdots,n \tag{3.35}$$

因为所有的 a_{i2}、l_{i1}、u_{12}、u_{22} 均已知，所以可以得到矩阵 L 第二列矩阵元

$$l_{i2} = \frac{a_{i2} - l_{i1}u_{12}}{u_{22}}, \quad i = 3, \cdots, n \tag{3.36}$$

（5）以此类推，可以找出矩阵 L 的矩阵元和矩阵 U 的矩阵元的计算规律。矩阵 A 的第 k 行与矩阵 LU 的第 k 行相等（对角元以右）

$$a_{kj} = \sum_{r=1}^{k-1} l_{kr}u_{rj} + u_{kj}, \quad j = k, \cdots, n \tag{3.37}$$

可以得到矩阵 U 第 k 行所有矩阵元（对角元以右）

$$u_{kj} = a_{kj} - \sum_{r=1}^{k-1} l_{kr}u_{rj}, \quad j = k, \cdots, n \tag{3.38}$$

再由矩阵 A 的第 k 列与矩阵 LU 的第 k 列相等（对角元以下）

$$a_{ik} = \sum_{r=1}^{k-1} l_{ir}u_{rk} + l_{ik}u_{kk}, \quad i = k+1, \cdots, n \tag{3.39}$$

可以得到矩阵 L 第 k 列所有矩阵元（对角元以下）

$$l_{ik} = \frac{a_{ik} - \sum_{r=1}^{k-1} l_{ir}u_{rk}}{u_{kk}}, \quad i = k+1, \cdots, n \tag{3.40}$$

以上就是使用 Doolittle 方法做矩阵分解的 LU 分解算法，实现代码如下。

```
! LU 分解法解线性方程组 Ax＝b（Doolittle 分解）
subroutine LUDecomposition_Doolittle(ndim,amatrix,bvector,xvector)
  integer,intent(in):: ndim
  real * 8:: amatrix(ndim,ndim),bvector(ndim),xvector(ndim)
  integer:: i,j,k
  real * 8:: yvector(ndim),tpvalue


  do k=1,ndim
! 计算上三角矩阵元 U(k,k:ndim)
    do j=k,ndim
        tpvalue=dot_product(amatrix(k,1:k-1),amatrix(1:k-1,j))
        amatrix(k,j)=amatrix(k,j) - tpvalue
    end do
! 计算下三角矩阵元 L(k+1:ndim,k)
    do i=k+1,ndim
        if (amatrix(k,k)==0.0d0) stop
        tpvalue=dot_product(amatrix(i,1:k-1),amatrix(1:k-1,k))
        amatrix(i,k)=(amatrix(i,k) - tpvalue)/amatrix(k,k)
    end do
end do
end do
```

```
! 打印分解后的三角矩阵
   print "(a)","Upper Matrix"; call printdata(3,3,amatrix,"u")
   print "(a)","Lower Matrix"; call printdata(3,3,amatrix,"l"); print *

   xvector(:)=0.0d0; yvector(:)=0.0d0
! 用顺代方法解下三角方程组 Ly=b
   do i=1,ndim
      tpvalue=dot_product(amatrix(i,1:i-1),yvector(1:i-1))
      yvector(i)=bvector(i) - tpvalue
   end do
   bvector(:)=yvector(:)

! 用回代方法解上三角方程组 Ux=y
   do i=ndim,1,-1
      tpvalue=dot_product(amatrix(i,i+1:ndim),xvector(i+1:ndim))
      xvector(i)=(bvector(i) - tpvalue)/amatrix(i,i)
   end do
end subroutine
```

以上代码同样被分为三个部分:分解矩阵、顺代求解和回代求解。在分解过程中,上三角矩阵和下三角矩阵的元素仍旧被存入系数矩阵中。最后,在主程序中加入下面的语句以调用该算法。

```
! 调用算法求解线性方程组 Ax=b
   select case(imethod)
   case (1)            ! 调用 Gauss 消元法解方程组
         call GaussElimation(ndim,amatrix,bvector,xvector)
   case (2)            ! 调用 LU 分解法(Gauss 分解)
         call LUDecomposition_Gauss(ndim,amatrix,bvector,xvector)
   case (3)            ! 调用 LU 分解法(Doolittle 分解)
         call LUDecomposition_Doolittle(ndim,amatrix,bvector,xvector)
   case (0)            ! 退出
         exit
   case default
         print * ,"no such method!"; cycle
   end select
```

下面,再次来计算线性方程组

$$\begin{bmatrix} 4 & 1 & 2 \\ 2 & 1 & 6 \\ 8 & 5 & 2 \end{bmatrix} \begin{bmatrix} x_1 \\ x_2 \\ x_3 \end{bmatrix} = \begin{bmatrix} 3 \\ 6 \\ 2 \end{bmatrix}$$

以测试代码,计算结果如图 3-3 所示。

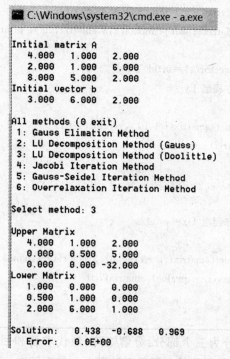

图 3-3　LU 分解法(Doolittle)解线性方程组的计算结果

结果显示,使用 Doolittle 方法分解出来的上三角矩阵和下三角矩阵与 Gauss 消元法分解的结果一致,并得到了同样的解向量 (0.438　−0.688　0.969),误差同样为零。

有的时候(如插值和拟合一章中的样条曲线插值方法),我们会遇到一种特殊的三对角矩阵,即矩阵中只有主对角元,上副对角元和下副对角元为非零值,其余矩阵元均为零,对于这样的特殊矩阵,同样可以用 LU 分解法来做,仍采用 Doolittle 方式分解,即

$$
\begin{pmatrix}
a_1 & u_1 & & & \\
s_2 & a_2 & \ddots & & \\
 & \ddots & \ddots & u_{n-1} \\
 & & s_n & a_n
\end{pmatrix}
=
\begin{pmatrix}
1 & & & \\
\gamma_2 & 1 & & \\
 & \ddots & \ddots & \\
 & & \gamma_n & 1
\end{pmatrix}
\begin{pmatrix}
\alpha_1 & \beta_1 & & \\
 & \alpha_2 & \ddots & \\
 & & \ddots & \beta_{n-1} \\
 & & & \alpha_n
\end{pmatrix}
$$

$$(3.41)$$

式(3.41)表明,分解后的下三角矩阵和上三角矩阵都非常简单,分别都只有一条主对角线和一条副对角线,它们对应的矩阵元非零。我们用 α_i、β_i 和 γ_i 来区分这些位置的矩阵元。因为分解后的形式简单,可以将原来的 Doolittle 分解方式进一步简化为

$$\begin{cases} \beta_i = u_i, & i=1,\cdots,n-1 \\ \gamma_i = \dfrac{s_i}{\alpha_{i-1}}, & i=2,\cdots,n \\ \alpha_i = a_i - \gamma_i\beta_{i-1}, & i=2,\cdots,n, \quad \alpha_1 = a_1 \end{cases} \tag{3.42}$$

因为是先得到副对角元，再得到主对角元，求解过程看上去像是从矩阵左上角开始，主对角元和副对角元沿着对角线彼此追赶，因此这种简化后的 LU 分解方法又称为追赶法。所有的矩阵元 α_i、β_i 和 γ_i 都计算出来后，马上采用顺代和回代方式解出解向量，当然，这一过程同样可以简化。

$$\begin{cases} y_1 = b_1 \\ y_i = b_i - \gamma_i y_{i-1}, & i=2,\cdots,n \\ x_n = y_n/\alpha_n \\ x_i = \dfrac{y_i - \beta_i x_{i+1}}{\alpha_i}, & i=n-1,\cdots,1 \quad (\beta_n=0) \end{cases} \tag{3.43}$$

对于三对角形式的线性方程组，追赶法的计算效率是非常高的，程序代码如下。

```
! 追赶法解三对角方程组
subroutine LUDecomposition_Triplediag(ndim,diagvec,updiagvec,subdiagvec,rhsvec,solution)
  implicit none
  integer,intent(in) :: ndim
  real * 8,intent(in),dimension(ndim) :: diagvec,updiagvec,subdiagvec,rhsvec
  real * 8,intent(out),dimension(ndim) :: solution
  real * 8,dimension(ndim) :: alpha,beta,gamma
  integer :: i
! Doolittle 方式分解系数矩阵
  alpha(:)=0.0d0; beta(:)=0.0d0; gamma(:)=0.0d0
  beta(:)=updiagvec(:)
  alpha(1)=diagvec(1)
  do i=2,ndim
      gamma(i)=subdiagvec(i)/alpha(i-1)
      alpha(i)=diagvec(i)-gamma(i) * beta(i-1)
  end do
! 用顺代方法解下三角方程组 Ly=b
  solution(1)=rhsvec(1)
  do i=2,ndim
      solution(i)=rhsvec(i)-gamma(i) * solution(i-1)
  end do
! 用回代方法解上三角方程组 Ux=y
  solution(ndim)=solution(ndim)/alpha(ndim)
  do i=ndim-1,1,-1
      solution(i)=(solution(i)-beta(i) * solution(i+1))/alpha(i)
```

```
    end do
end subroutine
```

同时给出主程序如下。

```
program test_chasing_method()
    use Comphy_Linearsolver
    implicit none
    integer :: ndim,idim,jdim
    real * 8,allocatable,dimension(:,:,) :: amatrix
    real * 8,allocatable,dimension(:) :: updiagvec,diagvec,subdiagvec
    real * 8,allocatable,dimension(:) :: bvector,xvector
    real * 8:: error
    print *

! 设置数组大小
    ndim=3
    allocate(amatrix(ndim,ndim),bvector(ndim),xvector(ndim))
    allocate(diagvec(ndim),subdiagvec(ndim),updiagvec(ndim))

! 设置三对角矩阵 A 和向量 b
    amatrix(1,:)=(/4.0, 2.0, 0.0/)
    amatrix(2,:)=(/6.0, 6.0, 5.0/)
    amatrix(3,:)=(/0.0, 4.0, 5.0/)
    bvector(:)=(/3.0, 4.0, 2.0/)

! 打印初始矩阵 A 和向量 b
    print "(a)","Initial matrix A"
    call printdata(ndim,ndim,amatrix)
    print "(a)","Initial vector b"
    call printdata(1,ndim,bvector)

! 解三对角矩阵
    updiagvec(:)=0.0d0; subdiagvec(:)=0.0d0; diagvec(:)=0.0d0
    do idim=1,ndim
        diagvec(idim)=amatrix(idim,idim)
        if (idim < ndim) updiagvec(idim)=amatrix(idim,idim+1)
        if (idim > 1) subdiagvec(idim)=amatrix(idim,idim-1)
    end do
    call LUDecomposition_Triplediag(ndim,diagvec,updiagvec,subdiagvec,bvector,xvector)
```

```
! 输出结果和误差
  print "(a,10f8.3)","Solution"
  print "(4f8.3)",xvector(1:ndim)
  call check_error(ndim,amatrix,bvector,xvector,error)
  print "(a)","Error"
  print "(e10.1e2)",error
end program
```

下面来测试一个简单的矩阵

$$\begin{bmatrix} 4 & 2 & 0 \\ 6 & 6 & 5 \\ 0 & 4 & 5 \end{bmatrix} \begin{bmatrix} x_1 \\ x_2 \\ x_3 \end{bmatrix} = \begin{bmatrix} 3 \\ 4 \\ 2 \end{bmatrix}$$

计算结果如图 3-4 所示。

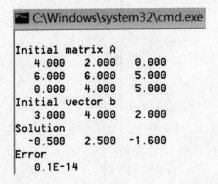

图 3-4　追赶法解三对角线性方程组的计算结果

第 3 节　Jacobi、Gauss-Seidel 和松弛迭代法

前面介绍的 Gauss 消元法、LU 分解法都是直接解线性方程组的算法,解向量无需迭代,故计算误差可以忽略不计。但是,它们的计算量偏大,如果实际的物理体系涉及上千万矩阵元的超级矩阵(这在量子问题、电磁场问题中比较普遍),这两种算法就无法胜任了。在这一小节,我们将会介绍专门处理超大线性方程组的迭代算法。这类方法都是近似算法,计算结果都伴随着一定的误差,甚至可能因为结果不收敛而导致迭代失败,但由于这类算法单步迭代的计算量很小,而且可以根据实际需要控制迭代步数,随时停止迭代,并立即获得最新迭代结果,这一点是 Gauss 消元法和 LU 分解法都不能做到的,它们必须要等到计算全部结束后才能得到结果。因此,从计算量可控这一角度来说,本节介绍的迭代算法更有优势。

先来看最简单的迭代算法——Jacobi 迭代法。它的基本思想在方程求根一章中已经

做过介绍,这里的思路是类似的。先将原来的线性方程组 $Ax=b$ 变换成某种迭代形式

$$x^{(k+1)}=g(x^{(k)})\tag{3.44}$$

然后利用 k 步解向量 $x^{(k)}$ 推导出 $k+1$ 的解向量 $x^{(k+1)}$,这样经过反复迭代,直至解向量在迭代过程中收敛。因为式(3.44)与原来的线性方程组是等价的,当迭代收敛时自然就得到了原方程组的解向量。

现在来建立 Jacobi 迭代中用到的迭代公式。首先,将原来的系数矩阵 A 按照如下方式分解成三个矩阵(D 为对角矩阵,L 为下三角矩阵,U 为上三角矩阵),即

$$A=D-L-U\tag{3.45}$$

它们具体的矩阵形式为

$$
\begin{pmatrix}
a_{11} & a_{12} & & \cdots & & a_{1n}\\
a_{21} & a_{22} & & & & \\
\vdots & \ddots & \ddots & \ddots & & \vdots\\
& & & a_{n-1n-1} & & a_{n-1n}\\
a_{n1} & & \cdots & & 0 & a_{nn}
\end{pmatrix}
$$

$$
=\begin{pmatrix}
a_{11} & 0 & & \cdots & & 0\\
0 & a_{22} & & & & \\
\vdots & & \ddots & \ddots & & \vdots\\
& & & a_{n-1n-1} & & 0\\
0 & & \cdots & & 0 & a_{nn}
\end{pmatrix}
-\begin{pmatrix}
0 & & \cdots & & & 0\\
-a_{21} & & & & & \\
\vdots & \ddots & \ddots & & & \vdots\\
& & & & & \\
-a_{n1} & & \cdots & -a_{nn-1} & & 0
\end{pmatrix}
$$

$$
-\begin{pmatrix}
0 & -a_{12} & \cdots & & -a_{1n}\\
& 0 & \ddots & & \vdots\\
\vdots & & \ddots & & \\
& & & 0 & -a_{n-1n}\\
0 & & \cdots & & 0
\end{pmatrix}\tag{3.46}
$$

然后将该分解公式代入到原来的线性方程组中,即

$$Ax=(D-L-U)x=b\tag{3.47}$$

移项,得

$$Dx=(L+U)x+b\tag{3.48}$$

两边乘上对角矩阵 D 的逆,得到解向量的表达式

$$x=D^{-1}(L+U)x+D^{-1}b\tag{3.49}$$

令方程右边的解向量为 $x^{(k)}$,左边的解向量为 $x^{(k+1)}$,则 Jacobi 迭代公式

$$x^{(k+1)}=D^{-1}(L+U)x^{(k)}+D^{-1}b\tag{3.50}$$

也可以设定一个矩阵 G 和向量 g 来简化迭代公式,即

$$x^{(k+1)}=Gx^{(k)}+g\tag{3.51}$$

式中:$G=D^{-1}(L+U)$;$g=D^{-1}b$。

那么,怎样判定 Jacobi 迭代公式的收敛性呢?它完全取决于矩阵 G,证明如下。

如果解向量 x^* 是方程组的解，则有

$$x^* = Gx^* + g \tag{3.52}$$

式(3.51)减去式(3.52)，得到

$$x^{(k+1)} - x^* = G(x^{(k)} - x^*) \tag{3.53}$$

同样有

$$x^{(k)} - x^* = G(x^{(k-1)} - x^*) \tag{3.54}$$

合并上面的两个公式，有

$$x^{(k+1)} - x^* = G^2(x^{(k-1)} - x^*) \tag{3.55}$$

按此方法继续往前推导，直至方程右边出现 $x^{(0)}$（初始向量），即

$$x^{(k+1)} - x^* = G^{k+1}(x^{(0)} - x^*) \tag{3.56}$$

从式(3.56)中可以发现，只要矩阵 G 经过 $k+1$（k 无穷大）次连乘后，所有矩阵元都归为零，即 $G^{k+1} \to 0$，则 $k+1$ 步的解向量 $x^{(k+1)}$ 自然就是方程组的解 x^*，同样也就意味着 Jacobi 迭代是收敛的。

下面给出判断 $G^{k+1} \to 0$ 的相关条件（证明省略）。

（1）$G^{k+1} \to 0$ 的"充要条件"是矩阵 G 的谱半径 ρ（矩阵 G 绝对值最大的本征值）小于 1，即 $\rho(G) < 1$。

（2）$G^{k+1} \to 0$ 的"必要条件"是矩阵 G 的行列式小于 1，即 $|G| < 1$。

（3）$G^{k+1} \to 0$ 的"充分条件"是矩阵 G 的范数小于 1，即 $\| G \| < 1$。

只要知道了 Jacobi 迭代公式中矩阵 G 的形式，再根据以上条件，就可以预先判定 Jacobi 迭代是否收敛了。

在编程实现 Jacobi 算法的时候，我们发现矩阵 G 涉及另外三个分解矩阵，即对角矩阵 D、下三角矩阵 L 和上三角矩阵 U，这样会占用非常多的内存，为了简化算法，将迭代公式(3.50)展开，即

$$\begin{cases} x_1^{(k+1)} = \dfrac{-1}{a_{11}}(a_{12}x_2^{(k)} + \cdots + a_{1n}x_n^{(k)} - b_1) \\[2mm] x_2^{(k+1)} = \dfrac{-1}{a_{22}}(a_{21}x_1^{(k)} + a_{23}x_3^{(k)} + \cdots + a_{1n}x_n^{(k)} - b_2) \\[1mm] \quad\vdots \\[1mm] x_n^{(k+1)} = \dfrac{-1}{a_{nn}}(a_{n1}x_1^{(k)} + \cdots + a_{nn-1}x_{n-1}^{(k)} - b_n) \end{cases} \tag{3.57}$$

注意方程组中，第 i 个方程右边的 x_i 作为迭代值被移动到了方程左边，因此方程右边的求和式子中会缺少 x_i，该方程也可以写成

$$x_i^{(k+1)} = \frac{-1}{a_{ii}}\left(\sum_{j=1}^{i-1} a_{ij}x_j^{(k)} + \sum_{j=i+1}^{n} a_{ij}x_j^{(k)} - b_i \right), \quad i = 1, \cdots, n \tag{3.58}$$

因为是迭代公式，如果不做控制，它将一直迭代下去，必须给出中止迭代的条件，一般指定最大迭代步数，或者指定前后两步解向量之间的最小均方差

$$\sigma(x^{(k+1)} - x^{(k)}) = \sqrt{\frac{1}{n}\left(\sum_{i=1}^{n}(x_i^{(k+1)} - x_i^{(k)})\right)} \qquad (3.59)$$

一旦在某一步迭代时满足了这两个标准的任意一个,即可以中止迭代,返回结果。

Jacobi 迭代法实现代码如下。

```
! Jacobi 迭代法解线性方程组 Ax=b
subroutine JacobiIteration(ndim,amatrix,bvector,xvector,maxiter,mineps)
    integer,intent(in):: ndim
    real * 8:: amatrix(ndim,ndim),bvector(ndim),xvector(ndim)
    integer,intent(in),optional :: maxiter
    real * 8,intent(in),optional :: mineps
    real * 8 :: prexvec(ndim),tpvalue,eps
    integer i,j,iter

    if (. not. (present(maxiter)) . and. . not. (present(mineps))) then
        print "(a)","Stop criteria has not been set!"; stop
    end if
    iter=0; xvector(:)=0. 0d0; prexvec(:)=0. 0d0
    do
        iter=iter+1
! Jacobi 迭代法
        do i=1,ndim
            tpvalue=dot_product(amatrix(i,:),prexvec(:))-amatrix(i,i) * prexvec(i)-bvector(i)
            xvector(i)=(-tpvalue)/amatrix(i,i)
        end do
! 计算连续两步解向量之间的均方差
        if (present(mineps)) then
            prexvec(:)=prexvec(:) - xvector(:)
            eps= sqrt(dot_product(prexvec,prexvec)/dble(ndim))
            if (eps < mineps) exit
        end if
        if (present(maxiter) . and. (iter > maxiter)) exit
        prexvec(:)=xvector(:)
    end do
    print "(a,i3)","Jacobi iter steps:",iter
end subroutine
```

上面的子程序中多了两个输入参数,即 maxiter 和 mineps,它们就是迭代算法中必须提供的最大迭代步数和最小均方差。迭代完成后,程序会自动打印实际迭代步数。为测试 Jacobi 迭代法,同样需要在主程序中加入以下调用语句,调用时指定前后两步解向量之间的最小均方差 1.0×10^{-10}。

```
! 调用算法求解线性方程组 Ax＝b
    select case(imethod)
    case（1）        ! 调用 Gauss 消元法解方程组
        call GaussElimation(ndim,amatrix,bvector,xvector)
    case（2）        ! 调用 LU 分解法（Gauss 分解）
        call LUDecomposition_Gauss(ndim,amatrix,bvector,xvector)
    case（3）        ! 调用 LU 分解法（Doolittle 分解）
        call LUDecomposition_Doolittle(ndim,amatrix,bvector,xvector)
    case（4）        ! 调用 Jacobi 迭代法
        call JacobiIteration(ndim,amatrix,bvector,xvector,mineps＝1.0d-10)
    case（0）        ! 退出
        exit
    case default
        print ＊ ,"no such method!"; cycle
    end select
```

下面用 Jacobi 迭代程序计算线性方程组

$$\begin{bmatrix} 4 & 2 & 2 \\ 2 & 6 & 2 \\ 3 & 2 & 5 \end{bmatrix} \begin{bmatrix} x_1 \\ x_2 \\ x_3 \end{bmatrix} = \begin{bmatrix} 3 \\ 4 \\ 2 \end{bmatrix}$$

计算结果如图 3-5 所示。可以看到，Jacobi 算法使用了 190 次迭代，最终找到了解向量（0.559　0.529　—0.147）。与之前的 Gauss 消元法和 LU 分解法不同的是，该方法有着明显误差（ 0.4×10^{-9} ），但误差数量级与预设的收敛标准是一致的，这是所有迭代算法的特点。

我们还可以对 Jacobi 迭代法做进一步改进，原先的 Jacobi 迭代公式为

$$x^{(k+1)} = D^{-1}(L+U)x^{(k)} + D^{-1}b = D^{-1}Lx^{(k)} + D^{-1}Ux^{(k)} + D^{-1}b \qquad (3.60)$$

公式中的对角矩阵 D、下三角矩阵 L 和上三角矩阵 U 都是系数矩阵 A 分解出来的矩阵。仔细观察该公式，我们发现为了更新等式左边的第 $k+1$ 步解向量 $x^{(k+1)}$，需要将第 k 步的解向量 $x^{(k)}$ 投入迭代。具体到方程组中的第 i 个方程来说，向量 $x^{(k)}$ 中 1 到 $i-1$ 个向量元将与下三角矩阵 L 相乘，$i+1$ 到 n（n 为矩阵维数）个向量元将与上三角矩阵 U 相乘，由此才能得到新的解向量 $x^{(k+1)}$ 中的第 i 个向量元。

基于以上分析，我们可以找到一个改进的方法。向量元是依次更新的，在 $k+1$ 步对解向量中第 i 个向量元进行计算时，等式右边与下三角矩阵 L 相乘的 1 到 $i-1$ 个向量元在本次（$k+1$ 步）迭代其实已经被更新了，没有必要再用上一次（k 步）迭代的结果，它们可以被直接替换掉，故新的迭代公式为（注意方程右边第一项）

$$x^{(k+1)} = D^{-1}Lx^{(k+1)} + D^{-1}Ux^{(k)} + D^{-1}b \qquad (3.61)$$

```
■ C:\Windows\system32\cmd.exe - a.exe

Initial matrix A
   4.000   2.000   2.000
   2.000   6.000   2.000
   3.000   2.000   5.000
Initial vector b
   3.000   4.000   2.000

All methods (0 exit)
 1: Gauss Elimation Method
 2: LU Decomposition Method (Gauss)
 3: LU Decomposition Method (Doolittle)
 4: Jacobi Iteration Method
 5: Gauss-Seidel Iteration Method
 6: Overrelaxation Iteration Method

Select method: 4

Jacobi iter steps:190
Solution:   0.559   0.529  -0.147
  Error:   0.4E-09
```

图 3-5　Jacobi 迭代法解线性方程组的计算结果

整合等式两边的解向量 $x^{(k+1)}$，有

$$(I-D^{-1}L)x^{(k+1)} = D^{-1}Ux^{(k)} + D^{-1}b \tag{3.62}$$

进一步处理，有

$$x^{(k+1)} = (I-D^{-1}L)^{-1}D^{-1}Ux^{(k)} + (I-D^{-1}L)^{-1}D^{-1}b$$

$$= (D-L)^{-1}Ux^{(k)} + (D-L)^{-1}b \tag{3.63}$$

这一改进后的迭代算法称为 Gauss-Seidel 迭代法，与之对应的迭代矩阵 G 和向量 g 分别为

$$G=(D-L)^{-1}U, \quad g=(D-L)^{-1}b \tag{3.64}$$

有了这个迭代矩阵 G，就可以用之前介绍的判定标准来判断 Gauss-Seidel 迭代法对给定方程组是否迭代收敛了。

式(3.61)给出的是 Gauss-Seidel 迭代算法的矩阵形式，不利于编程，现在将其展开

$$\begin{cases} x_1^{(k+1)} = \dfrac{-1}{a_{11}}(a_{12}x_2^{(k)}+\cdots+a_{1n}x_n^{(k)}-b_1) \\[2mm] x_2^{(k+1)} = \dfrac{-1}{a_{22}}(a_{21}x_1^{(k+1)}+a_{23}x_3^{(k)}+\cdots+a_{1n}x_n^{(k)}-b_2) \\ \quad\vdots \\ x_n^{(k+1)} = \dfrac{-1}{a_{nn}}(a_{n1}x_1^{(k+1)}+\cdots+a_{nn-1}x_{n-1}^{(k+1)}-b_n) \end{cases} \tag{3.65}$$

给出求和形式

$$x_i^{(k+1)} = \frac{-1}{a_{ii}}\Big(\sum_{j=1}^{i-1} a_{ij} x_j^{(k+1)} + \sum_{j=i+1}^{n} a_{ij} x_j^{(k)} - b_i\Big), \quad i = 1,\cdots,n \qquad (3.66)$$

实际上,我们正是使用这一迭代公式来执行 Gauss-Seidel 迭代法的,其代码如下。

```fortran
! Gauss-Seidel 迭代法解线性方程组 Ax=b
subroutine GaussSeidelIteration(ndim,amatrix,bvector,xvector,maxiter,mineps)
    implicit none
    integer,intent(in) :: ndim
    real * 8 :: amatrix(ndim,ndim),bvector(ndim),xvector(ndim)
    integer,intent(in),optional :: maxiter
    real * 8,intent(in),optional :: mineps
    real * 8 :: prexvec(ndim),tpvalue,eps
    integer :: i,j,iter

    iter=0; xvector(:)=0.0d0; prexvec(:)=0.0d0
    do
        iter=iter+1
! Gauss-Seidel 迭代法
        do i=1,ndim
            tpvalue=dot_product(amatrix(i,:),xvector(:)) - amatrix(i,i) * xvector(i) - bvector(i)
            xvector(i)=(-tpvalue)/amatrix(i,i)
        end do
! 计算连续两步解向量之间的均方差
        if (present(mineps)) then
            prexvec(:)=prexvec(:) - xvector(:)
            eps=sqrt(dot_product(prexvec,prexvec)/dble(ndim))
            if (eps < mineps) exit
        end if
        if (present(maxiter) .and. (iter > maxiter)) exit
        prexvec(:)=xvector(:)
    end do
    print "(a,i4)","Guass-Seidel iter steps:",iter
end subroutine
```

同样需要在主程序中增加以下调用语句。

```fortran
! 调用算法求解线性方程组 Ax=b
    select case(imethod)
    case (1)        ! 调用 Gauss 消元法解方程组
        call GaussElimation(ndim,amatrix,bvector,xvector)
```

```
case（2）        ！调用 LU 分解法（Gauss 分解）
    call LUDecomposition_Gauss(ndim,amatrix,bvector,xvector)
case（3）        ！调用 LU 分解法（Doolittle 分解）
    call LUDecomposition_Doolittle(ndim,amatrix,bvector,xvector)
case（4）        ！调用 Jacobi 迭代法
    call JacobiIteration(ndim,amatrix,bvector,xvector,mineps=1.0d-10)
case（5）        ！调用 Gauss-Seidel 迭代法
    call GaussSeidelIteration(ndim,amatrix,bvector,xvector,mineps=1.0d-10)
case（0）        ！退出
    exit
case default
    print * ,"no such method!"; cycle
end select
```

下面来测试之前的线性方程组

$$\begin{bmatrix} 4 & 2 & 2 \\ 2 & 6 & 2 \\ 3 & 2 & 5 \end{bmatrix} \begin{bmatrix} x_1 \\ x_2 \\ x_3 \end{bmatrix} = \begin{bmatrix} 3 \\ 4 \\ 2 \end{bmatrix}$$

计算结果如图 3-6 所示。

```
C:\Windows\system32\cmd.exe - a.exe

Initial matrix A
  4.000   2.000   2.000
  2.000   6.000   2.000
  3.000   2.000   5.000
Initial vector b
  3.000   4.000   2.000

All methods (0 exit)
 1: Gauss Elimation Method
 2: LU Decomposition Method (Gauss)
 3: LU Decomposition Method (Doolittle)
 4: Jacobi Iteration Method
 5: Gauss-Seidel Iteration Method
 6: Overrelaxation Iteration Method

Select method: 5

Guass-Seidel iter steps:  21
Solution:   0.559   0.529  -0.147
    Error:  0.7E-10
```

图 3-6　Gauss-Seidel 迭代法解线性方程组的计算结果

　　结果显示，解向量为（0.559　0.529　−0.147），与之前的 Jacobi 迭代法结果一致。但在同等收敛条件（1.0×10^{-10}）下，Gauss-Seidel 迭代法仅迭代了 21 步，这要比

Jacobi 迭代法快很多。

在此基础上,我们还能继续改进。来看最初的线性方程组 $Ax=b$,可以按照上一章的思路,将方程右边归零,即

$$Ax-b=0 \tag{3.67}$$

这个方程组求解问题已在第二章讨论过,其实可以当作一个函数优化问题来看待。假定待优化的函数是 $V(x)$,则方程组中的每一个方程都可以看作是该函数的一个梯度分量,即

$$\begin{cases} \dfrac{\mathrm{d}}{\mathrm{d}x_1}V(x_1,x_2,\cdots,x_n)=0 \\ \dfrac{\mathrm{d}}{\mathrm{d}x_2}V(x_1,x_2,\cdots,x_n)=0 \\ \qquad\qquad\vdots \\ \dfrac{\mathrm{d}}{\mathrm{d}x_n}V(x_1,x_2,\cdots,x_n)=0 \end{cases} \tag{3.68}$$

这样,我们很自然地就会想到用最速下降法或者 Newton-Raphson 方法来优化函数,找到方程组的根。比如原来的最速下降法迭代公式为

$$r_{k+1}=r_k-\lambda \nabla V(r_k) \tag{3.69}$$

在这里可以改造成

$$x^{(k+1)}=x^{(k)}-\omega \nabla V(x^{(k)}) \tag{3.70}$$

式子中的 ω 称为松弛因子,将式(3.70)中的梯度替换为方程组

$$x^{(k+1)}=x^{(k)}-\omega(Ax^{(k)}-b)=x^{(k)}+\omega(b-Ax^{(k)}) \tag{3.71}$$

该算法称为松弛迭代法(当然也可以视为最速下降法)。

现在来看松弛迭代法与 Jacobi 迭代法、Gauss-Seidel 迭代法之间的联系。将原来的线性方程组做等价变换

$$D^{-1}Ax=D^{-1}b \tag{3.72}$$

变换后同样可以用原来的松弛迭代法求解,即

$$x^{(k+1)}=x^{(k)}+\omega(D^{-1}b-D^{-1}Ax^{(k)}) \tag{3.73}$$

将其中的系数矩阵 A 分解成对角矩阵 D、下三角矩阵 L 和上三角矩阵 U,有

$$\begin{aligned} x^{(k+1)}&=x^{(k)}+\omega[D^{-1}b-D^{-1}(D-L-U)x^{(k)}] \\ &=x^{(k)}+\omega[D^{-1}b-x^{(k)}+D^{-1}(L+U)x^{(k)}] \\ &=(1-\omega)x^{(k)}+\omega[D^{-1}(L+U)x^{(k)}+D^{-1}b] \end{aligned} \tag{3.74}$$

上式第二项与 Jacobi 迭代法或者 Gauss-Seidel 迭代法公式一致,故松弛迭代法可以改写为

$$x^{(k+1)}=(1-\omega)x^{(k)}+\omega\tilde{x}^{(k+1)} \tag{3.75}$$

可见松弛迭代法是需要分两个步骤来执行的:第一步是用传统的 Jacobi 迭代法或 Gauss-Seidel 迭代法来预测新的解向量 $\tilde{x}^{(k+1)}$;第二步是使用松弛因子修正计算结果。

前面已经介绍过,不论是 Jacobi 迭代法还是 Gauss-Seidel 迭代法,形式上都是相同的,即

$$x^{(k+1)} = Gx^{(k)} + g \tag{3.76}$$

这里的迭代矩阵 G 直接决定了算法的收敛性。现在来推导松弛迭代法中矩阵 G 的形式。

假定在松弛迭代的第一步中,先采用 Gauss-Seidel 来计算近似解,则式(3.74)可以写成

$$x^{(k+1)} = (1-\omega)x^{(k)} + \omega[D^{-1}Lx^{(k+1)} + D^{-1}Ux^{(k)} + D^{-1}b] \tag{3.77}$$

将两边的 $k+1$ 步解向量 $x^{(k+1)}$ 合并,有

$$(1-\omega D^{-1}L)x^{(k+1)} = (1-\omega+\omega D^{-1}U)x^{(k)} + \omega D^{-1}b \tag{3.78}$$

两边取 $(1-\omega D^{-1}L)^{-1}$ 的逆,有

$$x^{(k+1)} = (1-\omega D^{-1}L)^{-1}(1-\omega+\omega D^{-1}U)x^{(k)} + \omega(1-\omega D^{-1}L)^{-1}D^{-1}b$$

$$= (1-\omega D^{-1}L)^{-1}D^{-1}D(1-\omega+\omega D^{-1}U)x^{(k)} + \omega(1-\omega D^{-1}L)^{-1}D^{-1}b$$

$$= (D-\omega L)^{-1}[(1-\omega)D+\omega U]x^{(k)} + \omega(D-\omega L)^{-1}b \tag{3.79}$$

与式(3.76)对比,可以得到松弛迭代矩阵 G 的表达式为

$$G = (D-\omega L)^{-1}[(1-\omega)D+\omega U] \tag{3.80}$$

要保证迭代收敛,矩阵 G 的行列式必须小于 1,即 $|G| < 1$(见 Jacobi 迭代法部分的相关内容)。

$$|(D-\omega L)^{-1}[(1-\omega)D+\omega U]| < 1 \tag{3.81}$$

等同于

$$\frac{|(1-\omega)D+\omega U|}{|D-\omega L|} < 1 \tag{3.82}$$

分母的行列式展开

$$|D-\omega L| = \left|\begin{pmatrix} d_{11} & 0 & \cdots & 0 \\ 0 & d_{22} & \cdots & \vdots \\ \vdots & \vdots & \ddots & 0 \\ 0 & \cdots & 0 & d_{nn} \end{pmatrix} - \omega\begin{pmatrix} 0 & 0 & \cdots & 0 \\ l_{21} & 0 & \cdots & \vdots \\ \vdots & \vdots & \ddots & 0 \\ l_{n1} & \cdots & l_{nn-1} & 0 \end{pmatrix}\right|$$

$$= \begin{vmatrix} d_{11} & 0 & \cdots & 0 \\ -\omega l_{21} & d_{22} & \cdots & \vdots \\ \vdots & \vdots & \ddots & 0 \\ -\omega l_{n1} & \cdots & -\omega l_{nn-1} & d_{nn} \end{vmatrix}$$

$$= d_{11}d_{22}\cdots d_{nn} \tag{3.83}$$

分子的行列式展开

$$|(1-\omega)D+\omega U| = \left|\begin{pmatrix} (1-\omega)d_{11} & 0 & \cdots & 0 \\ 0 & (1-\omega)d_{22} & \cdots & \vdots \\ \vdots & \vdots & \ddots & 0 \\ 0 & \cdots & 0 & (1-\omega)d_{nn} \end{pmatrix} + \omega\begin{pmatrix} 0 & u_{12} & \cdots & u_{1n} \\ 0 & 0 & \cdots & \vdots \\ \vdots & \vdots & \ddots & u_{n-1n} \\ 0 & \cdots & 0 & 0 \end{pmatrix}\right|$$

$$
=\begin{vmatrix}
(1-\omega)d_{11} & \omega u_{12} & \cdots & \omega u_{1n} \\
0 & (1-\omega)d_{22} & \cdots & \vdots \\
\vdots & \vdots & \ddots & \omega u_{n-1n} \\
0 & \cdots & 0 & (1-\omega)d_{nn}
\end{vmatrix}=(1-\omega)^n d_{11}d_{22}\cdots d_{nn}
$$

$$\tag{3.84}$$

将分子、分母的展开式回代式（3.82），得到

$$(1-\omega)^n<1 \tag{3.85}$$

要保证松弛迭代法收敛，ω 的取值必须在 0 到 2 之间，一般来说（并不总是如此），$1<\omega<2$ 会加速收敛，称为超松弛迭代，而 $0<\omega<1$，会减慢迭代速度，称为欠松弛迭代。这在实际计算时设定松弛因子必须要注意的地方。

最后，给出超松弛迭代法的实现代码。

```fortran
! 超松弛迭代法解线性方程组 Ax=b
subroutine RelaxationIteration(ndim,amatrix,bvector,xvector,maxiter,mineps)
  integer,intent(in)::ndim
  real*8:: amatrix(ndim,ndim),bvector(ndim),xvector(ndim)
  integer,intent(in),optional::maxiter
  real*8,intent(in),optional::mineps
  real*8:: prexvec(ndim),tpvalue,eps,omiga
  integer i,j,iter

  iter=0; xvector(:)=0.0d0; prexvec(:)=0.0d0; omiga=1.2d0
  do
      iter=iter+1
! 超松弛迭代法
      do i=1,ndim
        tpvalue=dot_product(amatrix(i,:),xvector(:)) - amatrix(i,i) * xvector(i) - bvector(i)
        xvector(i)=(-tpvalue)/amatrix(i,i)
      end do
      xvector(:)=(1.0 - omiga) * prexvec(:)+omiga * xvector(:)
! 计算连续两步解向量之间的均方差
      if (present(mineps)) then
        prexvec(:)=prexvec(:) - xvector(:)
        eps=sqrt(dot_product(prexvec,prexvec)/dble(ndim))
        if (eps<mineps) exit
      end if
      if (present(maxiter) .and. (iter>maxiter)) exit
```

```
        prexvec(:)=xvector(:)
    end do
    print "(a,i4)","Over-relaxation iter steps:",iter
end subroutine
```

还要在主程序中加入以下调用语句。

```
!调用算法求解线性方程组 Ax=b
    select case(imethod)
    case (1)              !调用 Gauss 消元法解方程组
        call GaussElimation(ndim,amatrix,bvector,xvector)
    case (2)              !调用 LU 分解法(Gauss 分解)
        call LUDecomposition_Gauss(ndim,amatrix,bvector,xvector)
    case (3)              !调用 LU 分解法(Doolittle 分解)
        call LUDecomposition_Doolittle(ndim,amatrix,bvector,xvector)
    case (4)              !调用 Jacobi 迭代法
        call JacobiIteration(ndim,amatrix,bvector,xvector,mineps=1.0d-10)
    case (5)              !调用 Gauss-Seidel 迭代法
        call GaussSeidelIteration(ndim,amatrix,bvector,xvector,mineps=1.0d-10)
    case (6)              !调用超松弛迭代法
        call RelaxationIteration(ndim,amatrix,bvector,xvector,mineps=1.0d-10)
    case (0)              !退出
        exit
    case default
        print * ,"no such method!"; cycle
    end select
```

作为测试,我们同样来看 Jacobi 迭代和 Gauss-Seidel 迭代法中都计算过的线性方程组

$$\begin{pmatrix} 4 & 2 & 2 \\ 2 & 6 & 2 \\ 3 & 2 & 5 \end{pmatrix} \begin{pmatrix} x_1 \\ x_2 \\ x_3 \end{pmatrix} = \begin{pmatrix} 3 \\ 4 \\ 2 \end{pmatrix}$$

超松弛迭代法的计算结果如图 3-7 所示(ω 取 1.2)。

同样的线性方程组,同样的收敛条件(1.0×10^{-10}),超松弛迭代法仅用了 17 步,是三种迭代算法中速度最快的。

最后,我们把六种算法放在一起,同时计算一个超大线性方程组,系数矩阵维数为 800,计算时间和计算误差如表 3-1 所示。

表格中 NaN 表示非迭代算法无迭代步数,所有迭代算法的收敛条件都是

```
■ C:\Windows\system32\cmd.exe - a.exe

Initial matrix A
    4.000   2.000   2.000
    2.000   6.000   2.000
    3.000   2.000   5.000
Initial vector b
    3.000   4.000   2.000

All methods (0 exit)
 1: Gauss Elimation Method
 2: LU Decomposition Method (Gauss)
 3: LU Decomposition Method (Doolittle)
 4: Jacobi Iteration Method
 5: Gauss-Seidel Iteration Method
 6: Overrelaxation Iteration Method

Select method: 6

Over-relaxation iter steps:  17
Solution:    0.559   0.529   -0.147
   Error:    0.5E-10
```

图 3-7　超松弛迭代法解线性方程组的计算结果

1.0×10^{-10}，从上面的比较中，我们可以得到以下一些有用信息。

（1）非迭代类算法（Gauss 消元法、LU 分解法）的计算误差远小于迭代类算法，这表明它们的计算结果是非常准确的。另外，迭代类算法对系数矩阵有特殊要求（Jacobi 算法已讨论），某些情况下迭代会发散，得不到解向量，而非迭代类算法则没有这一问题，体现了它们的高可靠性。

表 3-1　六种线性方程组求解算法比较

算　法	迭 代 步 数	计 算 误 差	计算时间/s
Gauss 消元法	NaN	0.1×10^{-14}	3.120
LU 分解法（Gauss）	NaN	0.8×10^{-15}	3.089
LU 分解法（Doolittle）	NaN	0.8×10^{-16}	0.671
Jacobi 迭代法	89	0.1×10^{-6}	0.499
Gauss-Seidel 迭代法	11	0.1×10^{-7}	0.062
超松弛迭代法	16	0.2×10^{-7}	0.094

（2）计算时间刚好相反，迭代类算法要比非迭代类算法快很多，这说明迭代类算法效率较高，计算量大小可以通过设定不同的收敛条件来合理调整，更容易控制计算时间。

（3）同样是非迭代类算法，基于 Doolittle 分解的 LU 分解法要比其他两种非迭代类算法更快，同时保持了高精度，是非迭代类方法中的首选。

（4）在三种迭代类算法中，Gauss-Seidel 迭代法和超松弛迭代法的计算速度相当，要远快于 Jacobi 迭代法。这里的松弛迭代因子 ω 取 1.2，如果不断尝试 ω 的取值，可以让超松弛迭代获得更快的收敛速度，但也会减少程序的通用性。

（5）虽然计算时间有较大差异，但不能据此判断迭代类算法的优劣，因为它们都有自己的迭代矩阵 G，也就是说它们有着各自的收敛性。当计算某些线性方程组时，理论上计算速度较快的算法反而可能会不收敛。因此，在实际应用中，我们有必要花些精力多做测试，找到最合适的算法。

第四章 本征值问题

物理学问题中,有很大一类可以归结为本征值问题,如刚体的惯性主轴、微振动简正模式、电磁波在谐振腔中的简正频率以及量子力学中的波函数等,它们都需要列出一个本征方程并解出其本征值。虽然目前可以求解本征值的程序有很多,但或者过于庞大复杂(如著名的 Linpack 数学库),或者缺乏可移植性(如 Matlab 中的数学函数),因此,我们自己来研究一下本征值算法,并写出简短、高效的代码是有必要的,它可以省去与外部函数混编、调试及修改等一系列工作,对以后的学习和研究会很有益处。

按照惯例,我们先给出本征值算法的基本程序框架,同样分为主程序文件 Main. f90 和算法实现模块 Comphy_EigenProblem. f90。主程序 Main. f90 如下,它包括了设定矩阵、算法调用和误差估计等关键步骤。

```fortran
program main
use Comphy_Eigenproblem
implicit none
   integer :: ndim,idim,jdim,imethod
   real * 8,allocatable,dimension(:,:,:) :: inimatrix,matrix,eigenvector
   real * 8,allocatable,dimension(:) :: eigenvalue,tpvec
   real * 8 :: error
   print *

! 设置数组大小
   ndim＝4
   allocate(inimatrix(ndim,ndim),matrix(ndim,ndim),eigenvector(ndim,ndim))
   allocate(eigenvalue(ndim),tpvec(ndim))

! 设置输入矩阵 A 并打印
   inimatrix(1,1:ndim)＝(/4.0, 2.0, 3.0, 5.0/)
   inimatrix(2,1:ndim)＝(/2.0, 5.0, 1.0, 6.0/)
   inimatrix(3,1:ndim)＝(/3.0, 1.0 ,6.0, 2.0/)
   inimatrix(4,1:ndim)＝(/5.0, 6.0 ,2.0, 1.0/)

   print "(a)","Matrix"
```

```
        call printarray(ndim,ndim,inimatrix)

    do
! 打印算法清单
    print *
    print "(a)","All methods"
    print * ,"1：Jacobi Iteration Method "          ! Jacobi 迭代法
    print * ,"2：QR Decomposition Method "           ! QR 分解法
    print * ,"3：Triple Diagonalization Method "     ! 三对角化方法
    write ( * ,"(/,'Select method (0 exit)：',$)"); read( * ,"(i8)") imethod    ! 选择算法
    matrix＝inimatrix

! 调用本征值算法
    select case(imethod)
    case (0)                          ! 退出
        exit
    case default
        print * ,"no such method!"; cycle
    end select

! 输出本征值和本征矢
    print "(/,a)","Eigenvalues："
    print "(4f8.3)",eigenvalue(1:ndim)
    print "(a)","Eigenvectors："
    do idim＝1,ndim
        print "(4f8.3)",eigenvector(idim,1:ndim)
    end do
! 输出误差
    error＝0.0d0
    do idim＝1,ndim
        call MatrixDotVector(ndim,inimatrix,eigenvector(:,idim),tpvec)
        tpvec(1:ndim)＝tpvec(1:ndim) - eigenvalue(idim) * eigenvector(:,idim)
        error＝error＋dot_product(tpvec,tpvec)
    end do
    error＝sqrt(error/dble(ndim * ndim))
    print "(a,e8.2e2)","Error：",error
    end do
end program
```

算法实现模块 Comphy_EigenProblem. f90 初始内容如下。

```fortran
! 本征值求解模块
module Comphy_EigenProblem
implicit none

contains
subroutine MatrixDotVector(ndim,matrix,vectorin,vectorout)
   integer,intent(in):: ndim
   real * 8,intent(in),dimension(ndim,ndim):: matrix
   real * 8,intent(in),dimension(ndim):: vectorin
   real * 8,intent(out),dimension(ndim):: vectorout
   integer:: i
   do i=1,ndim
      vectorout(i)=dot_product(matrix(i,1:ndim),vectorin(1:ndim))
   end do
end subroutine

! 打印矩阵或矢量
subroutine printarray(idim,jdim,array)
   integer,intent(in):: idim,jdim
   real * 8,intent(in),dimension(idim,jdim):: array
   integer :: i
   do i=1,idim
      print "(10f8.3)",array(i,1:jdim)
   end do
end subroutine

end module
```

目前,模块中仅有两个子程序 MatrixDotVector 和 printarray,前者用来计算矩阵和矢量的点乘,后者用来打印矩阵信息,都是帮助测试的辅助程序。

第1节 Jacobi 迭代法

继非线性方程求根、线性方程组求解之后,我们再次碰到了 Jacobi 迭代法,用到的仍旧是自洽迭代的思想,即 $x=g(x)$。只不过以前迭代的对象 x 是方程的根或者解向量,而这里的 x 是待求本征值的矩阵,且在每一次迭代之后,它的本征值和本征矢都不会改变,不过形式会越来越简单。当 x 最终退化为对角矩阵时,就得到了矩阵的本征值和本征矢。

在详细介绍 Jacobi 迭代法之前,我们需要先回顾一下相似变换的知识。如果一个矩阵 A 右乘一个变换矩阵 Q,左乘一个矩阵 Q 的逆,从而得到一个新的矩阵 B,那么这次从矩阵 A 变换到矩阵 B 的过程,就称为相似变换。A 和 B 互称为相似矩阵。

$$B = Q^{-1}AQ \tag{4.1}$$

矩阵 A 的特征方程为

$$|\lambda I - A| = 0 \tag{4.2}$$

这个方程直接决定了矩阵 A 的本征值和本征矢。矩阵 B 的特征方程为

$$|\lambda I - B| = 0 \tag{4.3}$$

利用式(4.1),将矩阵 B 换成相似矩阵 A,并做简单推导,即

$$|\lambda I - Q^{-1}AQ| = 0 \Rightarrow |\lambda Q^{-1}IQ - Q^{-1}AQ| = 0 \Rightarrow |Q^{-1}||\lambda I - A||Q| = 0$$
$$\Rightarrow |\lambda I - A| = 0 \tag{4.4}$$

结果显示,矩阵 B 的特征方程和矩阵 A 的特征方程是一样的,也就是说相似变换在改变矩阵元的同时,并没有改变矩阵的本征值和本征矢。下面就通过一系列相似变换,将原本为任意形式的矩阵 A 变换为特殊的对角矩阵 D,即

$$D = Q_k^{-1}Q_{k-1}^{-1}\cdots Q_1^{-1}AQ_1\cdots Q_{k-1}Q_k \tag{4.5}$$

这些相似变换矩阵可以合并成一个变换矩阵 Q,即

$$Q = Q_1\cdots Q_{k-1}Q_k \tag{4.6}$$

最终有

$$D = Q^{-1}AQ \tag{4.7}$$

我们发现,只要任意矩阵 A 能够对角化,则对角化后的矩阵 D 的对角元就是 A 的本征值,相应的相似变换合成矩阵 Q 中的所有列向量都是其本征矢。注意,如果矩阵 A 是对称的,则对变换矩阵 Q 有一定要求。

$$\begin{cases} A = QDQ^{-1} \\ A^{\mathrm{T}} = (QDQ^{-1})^{\mathrm{T}} = (Q^{-1})^{\mathrm{T}}DQ^{\mathrm{T}} \end{cases} \tag{4.8}$$

因为 $A = A^{\mathrm{T}}$,所以

$$Q^{-1} = Q^{\mathrm{T}} \tag{4.9}$$

可见此时变换矩阵 Q 必须是正交矩阵,这样的相似变换称为正交变换。反过来说,只有正交矩阵才能将对称矩阵对角化并求其本征值和本征矢,这一点非常重要。因为在物理学上,很多本征问题涉及的常常就是对称矩阵,所以本章专门来讨论对称矩阵本征值的数值解法。

Jacobi 迭代法正是通过一系列的相似变换,将输入矩阵 A 的非对角元逐步归零,由此完成矩阵对角化工作。当然,变换过程中所有的中间变换矩阵都要一一记录下来,其矩阵乘积即为本征矢。

现在,唯一需要确定的就是变换矩阵 Q 的具体形式,想要让它一次性将输入矩阵的整行、整列或所有元素(对角元除外)归零是很困难的,需要一步一步来做。先设定变换矩阵的形式为

$$Q(p,q,\theta)=\begin{bmatrix} 1 & & & & & & 0 \\ & \ddots & & & & & \\ & & \cos\theta & & -\sin\theta & & \\ & & & \ddots & & & \\ & & \sin\theta & & \cos\theta & & \\ & & & & & \ddots & \\ 0 & & & & & & 1 \end{bmatrix} \tag{4.10}$$

该变换矩阵是一个稀疏矩阵，它只在 p 行、q 行和 p 列、q 列交叉的位置有特殊的三角函数，其他位置，要么是 0（非对角元），要么是 1（对角元）。这个变换矩阵又称为 Givens 旋转矩阵，因为它左乘一个任意的 n 维列向量（与矩阵维数相同）以后，可以让该矢量在自由度 p、q 对应的平面内旋转角度 θ。注意这个矩阵具有正交性，也就是说如果输入矩阵是对称的，那么经过 Givens 变换后的矩阵同样是对称的。

　　Givens 旋转矩阵中，需要确定的变量有三个，即 p、q 和 θ。以 4 维矩阵为例，将该变换矩阵作用到任意矩阵 A 上，并做展开

$$B=Q^{-1}AQ=\begin{bmatrix} 1 & 0 & 0 & 0 \\ 0 & \cos\theta & \sin\theta & 0 \\ 0 & -\sin\theta & \cos\theta & 0 \\ 0 & 0 & 0 & 1 \end{bmatrix}\begin{bmatrix} a_{11} & a_{12} & a_{13} & a_{14} \\ a_{21} & a_{22} & a_{23} & a_{24} \\ a_{31} & a_{32} & a_{33} & a_{34} \\ a_{41} & a_{42} & a_{43} & a_{44} \end{bmatrix}\begin{bmatrix} 1 & 0 & 0 & 0 \\ 0 & \cos\theta & -\sin\theta & 0 \\ 0 & \sin\theta & \cos\theta & 0 \\ 0 & 0 & 0 & 1 \end{bmatrix}$$

$$=\begin{bmatrix} a_{11} & a_{12}\cos\theta+a_{13}\sin\theta & -a_{12}\sin\theta+a_{13}\cos\theta & a_{14} \\ a_{21}\cos\theta+a_{31}\sin\theta & a_{22}\cos^2\theta+a_{23}\sin2\theta+a_{33}\sin^2\theta & a_{23}\cos2\theta+\left(\dfrac{a_{33}-a_{22}}{2}\right)\sin2\theta & a_{24}\cos\theta+a_{34}\sin\theta \\ -a_{21}\sin\theta+a_{31}\cos\theta & a_{32}\cos2\theta+\left(\dfrac{a_{33}-a_{22}}{2}\right)\sin2\theta & a_{22}\sin^2\theta-a_{23}\sin2\theta+a_{33}\cos^2\theta & -a_{24}\sin\theta+a_{34}\cos\theta \\ a_{41} & a_{42}\cos\theta+a_{43}\sin\theta & -a_{42}\sin\theta+a_{43}\cos\theta & a_{44} \end{bmatrix}$$

$$\tag{4.11}$$

可以看到，变换后的矩阵 B 除了它的 p 行、q 行和 p 列、q 列，其他部分与输入矩阵 A 是一样的。这些被改变的矩阵元可以用下面的公式表示，即

$$\begin{cases} b_{pi}=a_{pi}\cos\theta+a_{qi}\sin\theta=b_{ip}, & i\neq p,q \\ b_{qi}=-a_{pi}\sin\theta+a_{qi}\cos\theta=b_{iq}, & i\neq p,q \\ b_{pp}=a_{pp}\cos^2\theta+a_{qq}\sin^2\theta+a_{pq}\sin2\theta \\ b_{qq}=a_{pp}\sin^2\theta+a_{qq}\cos^2\theta-a_{pq}\sin2\theta \\ b_{pq}=b_{qp}=a_{pq}\cos2\theta+\dfrac{a_{qq}-a_{pp}}{2}\sin2\theta \end{cases} \tag{4.12}$$

　　Jacobi 迭代法正是在每一次相似变换中，都令变换后的非对角元 $B(p,q)=0$，由此逐步实现输入矩阵 A 的对角化。

　　现在来看 $B(p,q)=0$ 对应的方程

$$a_{pq}\cos2\theta + \frac{a_{qq}-a_{pp}}{2}\sin2\theta = 0 \tag{4.13}$$

为解出其中的变量 θ，可以先做换元

$$\tan\theta = t, \quad \cos\theta = \frac{1}{\sqrt{1+t^2}}, \quad \sin\theta = \frac{t}{\sqrt{1+t^2}} \tag{4.14}$$

并替换系数

$$s = \frac{a_{qq}-a_{pp}}{2a_{pq}} \tag{4.15}$$

换元后，原非线性方程就转化为多项式方程

$$t^2 - 2st - 1 = 0 \tag{4.16}$$

解出 t 就得到 θ 了。那么，变换矩阵 $Q(p,q,\theta)$ 中的 p、q 该如何选取呢？p、q 表示需要归零的矩阵元的位置。这里，最直接的方法是挑选输入矩阵中绝对值最大的非零对角元，但对大型矩阵来说，其矩阵元数目太多，每次正交变换之前都要做排序找出绝对值最大的矩阵元，这会耗费较多的计算时间，并不划算。合理的做法是，先设定一个阈值，如果输入矩阵某个矩阵元的绝对值大于这个阈值，就对其做上述的正交变换，将其归零。这样做将更有效率。

最后给出误差公式。将迭代出来的本征值 λ 和本征向量 v 回代入最初的本征方程，并求本征方程左右两边向量的均方差，即

$$\sigma = \sqrt{\frac{1}{n^2}\sum_{i=1}^{n}\sum_{j=1}^{n}\left(\sum_{k=1}^{n}a_{jk}v_{ki} - \lambda_i v_{ji}\right)^2} \tag{4.17}$$

该误差公式可以帮助我们直观地判断计算结果的准确程度。

下面给出 Jacobi 迭代法的详细流程。

(1) 设立阈值(如 10.0)，从输入矩阵 A 的非对角矩阵元 a_{12} 开始，逐行扫描，一旦发现某个非对角矩阵元 a_{pq} 的大小超过了当前阈值，则跳至下一步。

(2) 取出矩阵中的元素 a_{pp}、a_{pq} 和 a_{qq}，建立一个一元二次方程(见式(4.16))，解出当前 Givens 旋转矩阵 Q 所需的旋转角度 θ，及其正弦值 $\sin\theta$ 和余弦值 $\cos\theta$。

(3) 按照式(4.12)，更新输入矩阵的 p 行、p 列和 q 行、q 列，并复制到下三角。

(4) 将当前 Givens 旋转矩阵 Q(见式(4.10))右乘现有变换矩阵，更新其 p 列和 q 列，以合成新的变换矩阵。

(5) 回到第一步，继续比对下一个非对角矩阵元，如果所有矩阵元都已经小于当前阈值，则先将当前阈值减少为原来的 1/10，然后再回到步骤(1)，再次从非对角矩阵元 a_{12} 开始比对。

(6) 如果当前阈值已经小于给定的最小阈值，如 1.0×10^{-10}，则认为输入矩阵已经完全对角化，立即停止迭代。矩阵中的所有对角元即为本征值，相应的合成变换矩阵中的列向量即为本征矢。

下面是实现代码。

```fortran
! Jacobi 迭代法解矩阵的本征值和本征矢
subroutine JacobiIteration(ndim,matrix,eigenvalue,qmatrix,benchmark)
    integer,intent(in)::ndim
    real*8,intent(inout)::matrix(ndim,ndim)
    real*8,intent(out)::qmatrix(ndim,ndim),eigenvalue(ndim)
    real*8,intent(in)::benchmark
    integer::idim,jdim,iter
    real*8::eps,temp,tpvector(ndim)
    logical::ifconverge

! 初始化本征值和本征矢数组
    qmatrix(:,:)=0.0d0; eigenvalue(:)=0.0d0
    do idim=1,ndim
        qmatrix(idim,idim)=1.0d0
    end do

! 设定初始阈值,一旦它小于给定阈值,则停止迭代
    eps=10.0d0; iter=0
    do while (eps > benchmark)
        ifconverge=.true.
        do idim=1,ndim
            do jdim=idim+1,ndim
! 如果对角元大于当前阈值(eps),则调用 Givens 方法将该对角元归零
                if (abs(matrix(idim,jdim)) > eps) then
                    iter=iter+1
                    call Givens(idim,jdim)
                    ifconverge=.false.
                end if
            end do
        end do
        if (ifconverge .eqv. .true.) eps=eps/10.0d0
    end do

! 本征矢已经存储在变换矩阵 qmatrix 中,这里仅需要从输入矩阵中取出本征值
    do idim=1,ndim
        eigenvalue(idim)=matrix(idim,idim)
    end do
! 将本征值按绝对值从小到大的顺序排列,本征矢也相应调整
    do idim=1,ndim
```

```fortran
        do jdim＝idim＋1,ndim
          if (abs(eigenvalue(idim)) < abs(eigenvalue(jdim))) then
            temp＝eigenvalue(idim); eigenvalue(idim)＝eigenvalue(jdim); eigenvalue(jdim)＝temp
            tpvector(1:ndim)＝qmatrix(1:ndim,idim)
            qmatrix(1:ndim,idim)＝qmatrix(1:ndim,jdim); qmatrix(1:ndim,jdim)＝tpvector(1:ndim)
          end if
        end do
      end do
    end do
    print "(a,i5)","Jacobi iteration steps：",iter


contains
! 用 Givens 方法将矩阵元 a(ip,iq)归零
  subroutine Givens(ip,iq)
    integer,intent(in)：：ip,iq
    real * 8,dimension(ndim)：：prow,pcol,qrow,qcol
    integer：：i,j,iter,idim,jdim
    real * 8：：s,t,app,apq,aqq,cosa,sina,temp


! 取出原有矩阵中的 ip 行、ip 列和 iq 行、iq 列
    pcol=0.0d0; prow=0.0d0; qcol=0.0d0; qrow=0.0d0
    pcol(1:iq-1)＝matrix(1:iq-1,ip); qcol(1:iq-1)＝matrix(1:iq-1,iq)
    prow(ip+1:ndim)＝matrix(ip,ip+1:ndim); qrow(ip+1:ndim)＝matrix(iq,ip+1:ndim)


! 取出关键矩阵元 a(ip,iq)、a(ip,ip)和 a(iq,iq)，计算 Givens 旋转矩阵中的三角函数
    app＝matrix(ip,ip); aqq＝matrix(iq,iq); apq＝matrix(ip,iq)
    s＝(aqq-app)/(2.0d0 * apq)
    t＝s-sign(1.0d0,s) * sqrt(s * * 2+1.0d0)
    temp＝sqrt(1.0d0+t * * 2); cosa＝1.0d0/temp; sina＝t/temp


! 更新输入矩阵 ip 列中第 1 到 ip-1 个列元素，iq 列中第 1 到 iq-1 个列元素（两列向量长度不
同，只取上三角元素）
    matrix(1:ip-1,ip)＝pcol(1:ip-1) * cosa+qcol(1:ip-1) * sina
    matrix(1:iq-1,iq)＝-pcol(1:iq-1) * sina+qcol(1:iq-1) * cosa
    matrix(ip,1:ip-1)＝matrix(1:ip-1,ip)
    matrix(iq,1:iq-1)＝matrix(1:iq-1,iq)


! 更新输入矩阵 ip 行中第 ip+1 到 ndim 个行元素，iq 行中第 iq+1 到 ndim 个行元素（两行向
量长度不同，只取上三角元素）
    matrix(ip,ip+1:ndim)＝prow(ip+1:ndim) * cosa+qrow(ip+1:ndim) * sina
```

```
    matrix(iq,iq+1:ndim)=-prow(iq+1:ndim) * sina+qrow(iq+1:ndim) * cosa
    matrix(ip+1:ndim,ip)=matrix(ip,ip+1:ndim)
    matrix(iq+1:ndim,iq)=matrix(iq,iq+1:ndim)

! 更新对角元 a(ip,ip)和 a(iq,iq),a(ip,iq)已自动归零
    matrix(ip,iq)=0.0d0; matrix(iq,ip)=0.0d0
    matrix(ip,ip)=app * (cosa * * 2)+apq * 2.0d0 * cosa * sina+aqq * (sina * * 2)
    matrix(iq,iq)=app * (sina * * 2) - apq * 2.0d0 * cosa * sina+aqq * (cosa * * 2)

! 更新变换矩阵 qmatrix 中的 ip 列和 iq 列
    pcol(1:ndim)=qmatrix(1:ndim,ip); qcol(1:ndim)=qmatrix(1:ndim,iq)
    qmatrix(1:ndim,ip)=pcol(1:ndim) * cosa+qcol(1:ndim) * sina
    qmatrix(1:ndim,iq)=-pcol(1:ndim) * sina+qcol(1:ndim) * cosa
    end subroutine
end subroutine
```

Jacobi 迭代程序有 5 个参数,分别为输入矩阵的维数(ndim)、输入矩阵本身(matrix)、本征值(eigenvalue)、本征向量(qmatrix)和挑选非对角元的最小阈值(benchmark)。代码主要由两个部分组成,在子程序 JacobiIteration 中从初始阈值(10.0)开始,循环比对矩阵元,如果某个矩阵元的绝对值大于当前阈值,马上进入其自带子程序 Givens,利用 Givens 旋转矩阵将该矩阵元归零。需要注意三点:第一,为减少计算量,每次仅更新输入矩阵的上三角矩阵元,下三角矩阵元通过复制得到;第二,更新输入矩阵的同时,不要忘了更新变换矩阵 Q,因为一旦对角化完成后,从该矩阵中可以直接提取出本征向量;第三,虽然 Fortran90 中自带矩阵乘法的计算模块(matmul),处理相似变换非常方便,但是这里的 Givens 旋转矩阵只是一个稀疏矩阵,真正需要更新的矩阵元数目非常少,所以自己编写矩阵乘法的代码会更有效率。

现在可以在主程序中添加调用 Jacobi 迭代程序的代码了。调用时指定了收敛条件(非对角矩阵元的绝对值小于 1.0×10^{-6})。

```
! 调用本征值算法
    select case(imethod)
    case (1)              ! 调用 Jacobi 迭代法解本征问题
        call JacobiIteration(ndim,matrix,eigenvalue,eigenvector,1.0d-6)
    case (0)              ! 退出
        exit
    case default
        print * ,"no such method!"; cycle
    end select
```

下面来测试一个简单的矩阵

$$\begin{bmatrix} 4 & 2 & 3 & 5 \\ 2 & 5 & 1 & 6 \\ 3 & 1 & 6 & 2 \\ 5 & 6 & 2 & 1 \end{bmatrix}$$

这是一个对称矩阵,其对角化过程显然也是一个正交变换过程,计算结果如图 4-1 所示。

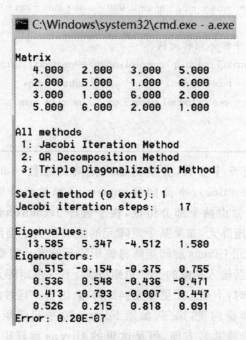

图 4-1　Jacobi 迭代法解矩阵的本征值和本征矢

结果显示,整个计算过程总共进行了 17 次 Givens 变换,将算出的本征值和本征向量回代入本征方程后,其误差仅为 0.20×10^{-7},这表明结果是收敛的。

第 2 节　QR 分解法

上一小节介绍了传统的 Jacobi 迭代法,它算法简单,每一步迭代计算量较小,但总的迭代步数过多,设想一下一个 100×100 的大型对称矩阵,如果所有非对角元都大于当前阈值,则全部变换一遍需要做 4950 次正交变换,之后阈值调低,还要做同样的工作。本节介绍另外一种有效的算法——QR 分解法。它是一种现代计算方法,已经得到了广泛的应用。与 Jacobi 迭代法相反,它每一步迭代的计算量较大,但总的迭代步数较少。另外需要强调的一点是,虽然 Jacobi 迭代法和 QR 分解法有着很大的不同,但 Jacobi 迭代法中用到的 Givens 变换和 QR 分解法中用到的

Householder变换,在下一小节会被结合在一起,组成一个更为高效的算法。

现在先来看 QR 分解法的计算原理。给定一个任意实方阵 $\mathbf{A}^{(0)}$,它都可以被分解为一个正交矩阵 $\mathbf{Q}$ 和一个上三角矩阵 $\mathbf{R}$,即

$$\mathbf{A}^{(0)} = \mathbf{QR} \tag{4.18}$$

将矩阵 $\mathbf{Q}$ 和 $\mathbf{R}$ 反过来相乘,得到一个新的矩阵 $\mathbf{A}^{(1)}$ 为

$$\mathbf{A}^{(1)} = \mathbf{RQ} \tag{4.19}$$

因为由前一个公式有 $\mathbf{R} = \mathbf{Q}^{-1}\mathbf{A}^{(0)}$(正交矩阵 $\mathbf{Q}$ 可逆),所以 $\mathbf{A}^{(1)}$ 还可以写成如下形式

$$\mathbf{A}^{(1)} = \mathbf{Q}^{-1}\mathbf{A}^{(0)}\mathbf{Q} \tag{4.20}$$

显然,从 $\mathbf{A}^{(0)}$ 到 $\mathbf{A}^{(1)}$ 是一个正交变换过程。不断重复以上步骤,可以进行多次正交变换,有

$$\mathbf{A}^{(k)} = \mathbf{Q}_k^{-1} \cdots \mathbf{Q}_2^{-1}\mathbf{Q}_1^{-1}\mathbf{A}^{(0)}\mathbf{Q}_1\mathbf{Q}_2 \cdots \mathbf{Q}_k \tag{4.21}$$

如果初始输入矩阵 $\mathbf{A}^{(0)}$ 是一个非对称矩阵,经过足够多的正交变换后,它将退化为一个上三角矩阵。进一步,当初始矩阵 $\mathbf{A}^{(0)}$ 是对称矩阵时,经过足够多的变换,该矩阵会退化为一个对角矩阵。对于前者,QR 分解法仅能给出本征值(上三角矩阵中的对角元),而对于后者,QR 分解法除了能给出本征值以外,还能够给出本征矢(即所有变换矩阵 $\mathbf{Q}$ 的乘积)。

现在的问题是如何实现 QR 分解,直接的做法是先设计一个正交矩阵 $\mathbf{P}$,它可以在左乘输入矩阵 $\mathbf{A}^{(0)}$ 后,生成一个上三角矩阵 $\mathbf{R}$,即

$$\mathbf{P} \cdot \mathbf{A}^{(0)} = \mathbf{R} \tag{4.22}$$

一旦找到这样的正交矩阵 $\mathbf{P}$,则 QR 分解即可实现($\mathbf{R}$ 已有,而 $\mathbf{Q} = \mathbf{P}^{-1}$)。

要寻找这样的正交矩阵 $\mathbf{P}$ 同样不容易,我们可以利用 Jacobi 迭代法中的 Givens 变换来求得。先将 Givens 旋转矩阵($p=2$,$q=1$)左乘到输入矩阵 $\mathbf{A}^{(0)}$ 上,然后指定变换后非对角元 a_{21} 等于 0,这样就可以确定第一个 Givens 旋转矩阵的形式,然后再次左乘一个新的 Givens 旋转矩阵($p=3$,$q=1$),指定 a_{31} 等于 0,确定第二个旋转矩阵,依此类推,最终可以消去所有下三角矩阵元,得到一个上三角矩阵 $\mathbf{R}$,然后对所有 Givens 旋转矩阵的乘积(矩阵 $\mathbf{P}$)求逆,完成一步 QR 分解。这是一个可行的做法,但逐个将下三角矩阵元归零过于烦琐,后期矩阵求逆过程计算量也偏大。我们来看另外一种三角化方法,它可以一次性将输入矩阵的整行或整列归零,比 Givens 变换方法更为高效,这就是 Householder 变换,下面来看该变换的基本思想。

给定一个任意列向量 $\mathbf{x}$,定义对称矩阵 $\mathbf{P}$ 的形式为

$$\mathbf{P} = \mathbf{I} - \frac{\mathbf{u} \cdot \mathbf{u}^{\mathrm{T}}}{H} \tag{4.23}$$

其中向量 $\mathbf{u}$ 与上面提到的列向量 $\mathbf{x}$ 有关,定义如下(式中 $\mathbf{e}_1$ 是单位向量)

$$\mathbf{u} = \mathbf{x} - |\mathbf{x}|\mathbf{e}_1 = \begin{pmatrix} x_1 \\ x_2 \\ \vdots \\ x_n \end{pmatrix} - |\mathbf{x}| \begin{pmatrix} 1 \\ 0 \\ \vdots \\ 0 \end{pmatrix}, \quad |\mathbf{x}|^2 = x_1^2 + x_1^2 + \cdots + x_n^2 \tag{4.24}$$

而 H 则是依赖于向量 u 的标量

$$H = \frac{1}{2}|u|^2 \tag{4.25}$$

将式(4.24)中 u 的定义式代入 H,得

$$H = \frac{1}{2}(x - |x|e_1)^{\mathrm{T}} \cdot (x - |x|e_1) = \frac{1}{2}(|x|^2 - |x|x^{\mathrm{T}} \cdot e_1 - |x|e_1^{\mathrm{T}} \cdot x + |x|^2)$$

$$= \frac{1}{2}(|x|^2 - |x|x_1 - |x|x_1 + |x|^2)$$

$$= |x|^2 - |x|x_1 \tag{4.26}$$

可以证明,这样定义的对称矩阵 P 是正交的

$$P^2 = \left(I - \frac{u \cdot u^{\mathrm{T}}}{H}\right)\left(I - \frac{u \cdot u^{\mathrm{T}}}{H}\right) = I - 2\frac{u \cdot u^{\mathrm{T}}}{H} + \frac{u \cdot u^{\mathrm{T}}}{H}\frac{u \cdot u^{\mathrm{T}}}{H}$$

$$= I - 2\frac{u \cdot u^{\mathrm{T}}}{H} + \frac{u \cdot (u^{\mathrm{T}} \cdot u)u^{\mathrm{T}}}{H^2} = I - 2\frac{u \cdot u^{\mathrm{T}}}{H} + 2\frac{u \cdot u^{\mathrm{T}}}{H} = I \tag{4.27}$$

即 $P^{-1} = P^{\mathrm{T}} = P$,这一点很重要,以后变换矩阵求逆将变得非常简单。如果该正交矩阵 P 与列向量 x 相乘,则有

$$P \cdot x = \left(I - \frac{u \cdot u^{\mathrm{T}}}{H}\right) \cdot x = x - \frac{(x - |x|e_1) \cdot [(x - |x|e_1)^{\mathrm{T}} \cdot x]}{|x|^2 - |x|x_1}$$

$$= x - \frac{(x - |x|e_1) \cdot (|x|^2 - |x|x_1)}{|x|^2 - |x|x_1} = x - (x - |x|e_1) = |x|e_1 \tag{4.28}$$

即

$$P \cdot x = P \cdot \begin{pmatrix} x_1 \\ x_2 \\ \vdots \\ x_n \end{pmatrix} = \begin{pmatrix} |x| \\ 0 \\ \vdots \\ 0 \end{pmatrix} \tag{4.29}$$

结果发现,这样定义的正交矩阵 P 左乘列向量 x 后,可以得到一个新的列向量,该列向量除第一个元素以外,其余元素均为零。正交矩阵 P 的这一性质,可以很方便地将任意输入矩阵上三角化,实现 QR 分解。

此外,QR 分解法还有一个很重要的优点,就是该算法得到的对角化矩阵,其本征值是按照绝对值的大小降序排列的,且迭代过程中绝对值最小的本征值首先出现(矩阵右下角位置),然后沿主对角线向左上角方向依次迭代出其他本征值,相应变换矩阵中本征矢的出现顺序同样如此。据此,我们可以做两点改进。一是先计算输入矩阵右下角的 2×2 子矩阵的本征值(λ_1 和 λ_2),然后从中选出与输入矩阵右下角矩阵元 a_m 最接近的一个(如 λ_1),并在原矩阵中减去它($A - \lambda_1 I$),最后对这个新修正的矩阵($A - \lambda_1 I$)实施 QR 分解。这一过程称为显式原点平移。当然,QR 分解以及对应的正交变换完成后,还需要将原点平移量($\lambda_1 I$)还原回去。表述公式为

$$Q^{-1}AQ = Q'^{-1}(A-\lambda_1 I)Q' + \lambda_1 I \tag{4.30}$$

容易看出，矩阵$(A-\lambda_1 I)$的变换矩阵Q'和矩阵A的变换矩阵Q是相等的，原点平移算法并不会改变原矩阵的本征值和本征矢，但原点平移之后的矩阵$(A-\lambda_1 I)$收敛速度更快。

另一项改进是在迭代过程中，将当前已经对角化的主对角元以下和以右的矩阵部分分割出去，这样，迭代中实际需要进行 QR 分解的矩阵会越来越小，相应的计算量也会越来越小。

下面来看具体的 QR 分解法算法流程。

（1）分割矩阵。从右下角开始，逐列检查输入矩阵的列向量，去除已经对角化的矩阵部分，确定分割后矩阵的下界a_{mm}（上界始终为a_{11}）。

（2）原点平移。抽出输入矩阵A的右下角2×2子矩阵，并计算其本征值

$$\begin{vmatrix} \lambda - a_{n-1,n-1} & -a_{n-1,n} \\ -a_{n,n-1} & \lambda - a_{mm} \end{vmatrix} = 0 \tag{4.31}$$

展开后有

$$\begin{cases} (\lambda - a_{n-1,n-1})(\lambda - a_{n,n}) - a_{n,n-1}a_{n-1,n} = 0 \\ \lambda^2 - (a_{n-1,n-1} + a_{n,n})\lambda + a_{n-1,n-1}a_{n,n} - a_{n,n-1}a_{n-1,n} = 0 \end{cases} \tag{4.32}$$

得到本征值

$$\lambda_{1,2} = \frac{a_{n-1,n-1} + a_{n,n} \pm \sqrt{(a_{n-1,n-1} + a_{n,n})^2 + 4(a_{n-1,n-1}a_{n,n} - a_{n,n-1}a_{n-1,n})}}{2}$$
$$\tag{4.33}$$

分别将这两个本征值（λ_1 和 λ_2）与输入矩阵右下角矩阵元 a_{mm} 相比较，选择最接近的一个本征值并让原矩阵所有对角元减去它，即 $A = A - \lambda I$。

（3）开始 QR 分解，抽出输入矩阵A的第一列列向量$x_1 = (a_{11}, a_{21}, \cdots, a_{n1})$，用它来创建第一个 Householder 变换矩阵P_1 为

$$P_1 = I - \frac{u_1 \cdot u_1^{\mathrm{T}}}{H}, \quad u_1 = x_1 - |x_1|e_1, \quad H = \frac{1}{2}|u_1|^2 \tag{4.34}$$

该矩阵左乘输入矩阵A后，得到

$$P_1 \cdot A = \begin{vmatrix} |x_1| & a_{12}^{(1)} & \cdots & a_{1n}^{(1)} \\ 0 & a_{22}^{(1)} & \cdots & a_{2n}^{(1)} \\ \vdots & \vdots & \ddots & \vdots \\ 0 & a_{n2}^{(1)} & \cdots & a_{nn}^{(1)} \end{vmatrix} = A^{(1)} \tag{4.35}$$

等式中的上标（1）表示相应矩阵元经过了 1 次更新。注意新矩阵$A^{(1)}$的第一列列向量，其对角元以下元素都消除为零。

（4）抽出更新后矩阵$A^{(1)}$的第二列列向量$x_2 = (0, a_{22}, \cdots, a_{n2})$（仅对角元$a_{22}$以下列元素，以上设置为零），用它来创建第二个 Householder 变换矩阵P_2 为

$$P_2 = I - \frac{u_2 \cdot u_2^{\mathrm{T}}}{H} = \begin{pmatrix} 1 & 0 & \cdots & 0 \\ 0 & p_{11} & \cdots & p_{1,n-1} \\ \vdots & \vdots & \ddots & \vdots \\ 0 & p_{n-1,1} & \cdots & p_{n-1,n-1} \end{pmatrix} \qquad (4.36)$$

$$u_2 = x_2 - |x_2| e_2, \qquad H = \frac{1}{2} |u_2|^2$$

令矩阵 P_2 左乘 $A^{(1)}$，有

$$P_2 \cdot A^{(1)} = P_2 \cdot \begin{pmatrix} |x_1| & a_{12}^{(1)} & \cdots & a_{1n}^{(1)} \\ 0 & a_{22}^{(1)} & \cdots & a_{2n}^{(1)} \\ \vdots & \vdots & \ddots & \vdots \\ 0 & a_{n2}^{(1)} & \cdots & a_{nn}^{(1)} \end{pmatrix} = \begin{pmatrix} |x_1| & a_{12}^{(1)} & \cdots & a_{1n}^{(1)} \\ 0 & a_{22}^{(2)} & \cdots & a_{2n}^{(2)} \\ \vdots & \vdots & \ddots & \vdots \\ 0 & 0 & \cdots & a_{nn}^{(1)} \end{pmatrix} = A^{(2)}$$
$$(4.37)$$

同样，式（4.37）中上标（2）表示矩阵元经过了 2 次更新。新矩阵 $A^{(2)}$ 的第一列、第二列列向量，其对角元以下元素都已归零。

（5）不断重复步骤（3）、（4），建立一系列 Householder 变换矩阵 $P_1, \cdots, P_{n-1}$，依次将输入矩阵 A 的第 1 至第 $n-1$ 列对角元以下元素归零，得到上三角矩阵 R 为

$$P_{n-1} \cdots P_2 \cdot P_1 \cdot A = \begin{pmatrix} a_{11}^{(1)} & a_{12}^{(1)} & \cdots & a_{1n}^{(1)} \\ 0 & a_{22}^{(2)} & \cdots & a_{2n}^{(2)} \\ \vdots & \vdots & \ddots & \vdots \\ 0 & 0 & \cdots & a_{nn}^{(n)} \end{pmatrix} = R \qquad (4.38)$$

并准备正交变换矩阵 Q

$$Q = (P_{n-1} \cdots P_2 \cdot P_1)^{-1} = P_1^{-1} \cdot P_2^{-1} \cdots P_{n-1}^{-1} = P_1 \cdot P_2 \cdots P_{n-1} \qquad (4.39)$$

本次 QR 分解完成，这里用到了 Householder 变换矩阵 P 的正交性以及对称性。

（6）利用上一步得到的上三角矩阵 R 和正交矩阵 Q 对输入矩阵做正交变换，即

$$A^{(k+1)} = Q^{-1} A^{(k)} Q = RQ \qquad (4.40)$$

（7）还原原点平移，把第（2）步从原矩阵中减去的平移量再加回来，即 $A = A + \lambda I$。

（8）不断重复步骤（1）到（6），直至输入矩阵 A 被完全对角化。

实现代码如下。

```
! QR 分解法解矩阵的本征值和本征矢
subroutine QRDecomposition(ndim,matrix,eigenvalue,qmatrix,benchmark)
  integer,intent(in):: ndim
  real*8,intent(inout):: matrix(ndim,ndim)
  real*8,intent(out):: qmatrix(ndim,ndim),eigenvalue(ndim)
  real*8,intent(in):: benchmark
  integer:: i,j,iter,idim,jdim,enddim
```

```
real * 8 :: pmatrix(ndim,ndim),rmatrix(ndim,ndim),uvector(ndim),tpvector(ndim)
real * 8 :: Hvalue,usize,xsize,temp,eps,a1,a2,shift,app,apq,aqq


! 初始化本征值和本征矢数组
eigenvalue=0.0d0; qmatrix=0.0d0
qmatrix=0.0d0
do idim=1,ndim
    qmatrix(idim,idim)=1.0d0
end do


! 开始迭代
iter=0; enddim=ndim
do
    iter=iter+1

! 分割矩阵,确定矩阵块的下界 enddim
    do idim=enddim-1,1,-1
        tpvector(:)=0.0d0
        temp = sqrt(dot_product(matrix(idim+1:enddim,idim),matrix(idim+1:enddim,
idim))/dble(enddim-idim))
        if (temp > benchmark) exit
    end do
    enddim=idim+1
    if (enddim==1) exit

! 开始对矩阵块(1:enddim,1:enddim)进行正交变换

! 计算当前矩阵块中右下角 2×2 子矩阵的本征值,确定原点平移量
    app=matrix(enddim-1,enddim-1); aqq=matrix(enddim,enddim); apq=matrix(enddim-1,
enddim)
    temp=(app+aqq)* *2 - 4.0d0 * (app * aqq - apq * * 2)
    a1=0.5d0 * (app+aqq+sqrt(temp)); a2=0.5d0 * (app+aqq - sqrt(temp))
    if (abs(a1-aqq) < abs(a2-aqq)) then
        shift=a1
    else
        shift=a2
    end if
! 显式原点平移
    do i=1,enddim
```

```
        matrix(i,i)＝matrix(i,i) - shift
    end do


! 设定初始 Householder 变换矩阵 P
    pmatrix＝0.0d0
    do idim＝1,ndim
        pmatrix(idim,idim)＝1.0d0
    end do


! 开始 QR 分解
    do idim＝1,enddim-1
! 提取矩阵中第 idim 列的列向量
        uvector(1:idim)＝0.0d0

        uvector(idim:enddim)＝matrix(idim:enddim,idim)
! 计算 Householder 变换矩阵 P 中的矢量 u 和标量 H,以便将矩阵中第 idim 列主对角元以下列
元素归零
        xsize＝sqrt(dot_product(uvector(idim:enddim),uvector(idim:enddim)))
        uvector(idim)＝uvector(idim) - xsize
        usize＝sqrt(dot_product(uvector(idim:enddim),uvector(idim:enddim)))
        Hvalue＝0.5d0 ∗ (usize ∗ ∗ 2)


! 计算 Household 变换矩阵与原矩阵的乘积 Pn-1 · … · P2P1 · A
        matrix(idim,idim)＝xsize; matrix(idim+1:enddim,idim)＝0.0d0
        do j＝idim+1,enddim
            temp＝dot_product(uvector(idim:enddim),matrix(idim:enddim,j))
            matrix(idim:enddim,j)＝matrix(idim:enddim,j) - uvector(idim:enddim) ∗
temp/Hvalue
        end do
! 计算 Householder 变换矩阵的累积 P＝P1 · P2 · … · Pn-1
        do i＝1,enddim
            temp＝dot_product(pmatrix(i,idim:enddim),uvector(idim:enddim))
            pmatrix(i,idim:enddim)＝pmatrix(i,idim:enddim) - temp ∗ uvector(idim:enddim)/
Hvalue
        end do
    end do
! QR 分解完成,得到上三角矩阵 R＝rmatrix 和变换矩阵 Q＝pmatrix
    rmatrix＝matrix


! 利用 QR 分解矩阵对原矩阵进行正交变换 A＝(Q⁻¹)AQ＝RQ
```

```
    eps=0.0d0
    do idim=1,enddim
        do jdim=idim,enddim
            matrix(idim,jdim)=dot_product(rmatrix(idim,idim:enddim),pmatrix(idim:
enddim,jdim))
            matrix(jdim,idim)=matrix(idim,jdim)
            if ((idim /= jdim) .and. (abs(matrix(idim,jdim)) > eps)) eps=abs(matrix
(idim,jdim))
        end do
    end do
! 计算正交变换矩阵的累积 Q=Q1·Q2…
    qmatrix=matmul(qmatrix,pmatrix)
! 正交变换后,还原原点平移量
    do i=1,enddim
        matrix(i,i)=matrix(i,i)+shift
    end do
    end do

! 本征矢已经存储在变换矩阵 qmatrix 中,这里仅需要从输入矩阵中取出本征值
    do idim=1,ndim
        eigenvalue(idim)=matrix(idim,idim)
    end do
    print "(a,i5)","QR iteration steps:",iter
end subroutine
```

子程序带有 5 个参数,其含义与 Jacobi 代码中的一样,不在细述。最后在主程序中加入以下调用语句。

```
! 调用本征值算法
    select case(imethod)
    case (1)              ! 调用 Jacobi 迭代法解本征问题
        call JacobiIteration(ndim,matrix,eigenvalue,eigenvector,1.0d-6)
    case (2)              ! 调用 QR 分解法解本征问题
        call QRDecomposition(ndim,matrix,eigenvalue,eigenvector,1.0d-6)
    case (0)              ! 退出
        exit
    case default
        print * ,"no such method!"; cycle
    end select
```

下面用 QR 分解法来再次计算上一小节曾经测试过的矩阵

$$\begin{pmatrix} 4 & 2 & 3 & 5 \\ 2 & 5 & 1 & 6 \\ 3 & 1 & 6 & 2 \\ 5 & 6 & 2 & 1 \end{pmatrix}$$

同样设定收敛条件为 1.0×10^{-6},作为对比,同时给出了无原点平移(左)和有原点平移(右)的计算结果,如图 4-2 所示。

```
■ C:\Windows\system32\cmd.exe - a.exe        ■ C:\Windows\system32\cmd.exe - a.exe

Matrix                                        Matrix
   4.000   2.000   3.000   5.000                4.000   2.000   3.000   5.000
   2.000   5.000   1.000   6.000                2.000   5.000   1.000   6.000
   3.000   1.000   6.000   2.000                3.000   1.000   6.000   2.000
   5.000   6.000   2.000   1.000                5.000   6.000   2.000   1.000

All methods                                   All methods
 1: Jacobi Iteration Method                    1: Jacobi Iteration Method
 2: QR Decomposition Method                    2: QR Decomposition Method
 3: Triple Diagonalization Method              3: Triple Diagonalization Method

Select method (0 exit): 2                     Select method (0 exit): 2
QR iteration steps:    80                     QR iteration steps:     8

Eigenvalues:                                  Eigenvalues:
  13.585   5.347  -4.512   1.580                13.585   5.347   1.580  -4.512
Eigenvectors:                                 Eigenvectors:
   0.515  -0.154   0.375   0.755                0.515   0.154  -0.755  -0.375
   0.536   0.548   0.436  -0.471                0.536  -0.548   0.471  -0.436
   0.413  -0.793   0.007  -0.447                0.413   0.793   0.447  -0.007
   0.526   0.215  -0.818   0.091                0.526  -0.215  -0.091   0.818
Error: 0.49E-06                               Error: 0.47E-12
```

图 4-2　QR 分解法解矩阵的本征值和本征矢(左:无原点平移;右:有原点平移)

从中可以得到以下两点结论。

(1) 没有加入原点平移的 QR 分解法,得到的本征值是按照绝对值大小降序排列的,这一点可以省去后续本征值和本征矢的排序工作。但其迭代步数为 80 步,远大于上一小节 Jacobi 迭代步数(17 步)。

(2) 加入原点平移后的 QR 分解法,虽然本征值排序被打乱,但其迭代步数为 8 步,误差仅为 0.47×10^{-12},这些都远优于 Jacobi 迭代法。

可见,结合原点平移算法后,QR 分解法才能真正体现出其优势。

第 3 节　三对角化方法

通过前面的比较,我们发现常规 QR 分解法在迭代过程中需要反复将整列向量(对角元以下元素)归零,计算量还是偏大。本节将介绍一种新的计算思路,先通过正交变换,将原始的对称矩阵变换至如下的三对角矩阵形式

$$Q^{-1}\begin{pmatrix} a_{11} & a_{12} & \cdots & a_{1n} \\ a_{21} & a_{22} & \cdots & a_{2n} \\ \vdots & \vdots & \ddots & \vdots \\ a_{n1} & a_{n2} & \cdots & a_{nn} \end{pmatrix}Q = \begin{pmatrix} b_{11} & b_{12} & 0 & \cdots \\ b_{21} & b_{22} & \ddots & 0 \\ 0 & \ddots & \ddots & b_{n-1,n} \\ \cdots & 0 & b_{n,n-1} & b_{nn} \end{pmatrix} \tag{4.41}$$

然后再使用 QR 分解法计算矩阵的本征值和本征矢。因为此时需要归零的不再是一个个的列向量,而仅仅是副对角元而已,所以 QR 分解速度大大加快,该三对角化过程令 QR 分解法真正具有实用价值。

将任意的对称矩阵三对角化,可以采用 Jacobi 迭代法中的 Givens 旋转矩阵,依次将主对角元和副对角元以外的元素归零,也可以采用 Householder 变换,将副对角元以外元素一次性归零,显然后者更高效。下面介绍 Householder 变换将矩阵三对角化的过程。

(1) 抽出输入矩阵 A 的第一列列向量 $x_1 = (0, a_{21}, \cdots, a_{n1})$(注意,与上节 QR 分解法不同,这里的列向量 x_1 不包括对角元 a_{11}),用它来创建第一个 Householder 变换矩阵 P_1,即

$$P_1 = I - \frac{u_1 \cdot u_1^{\mathsf{T}}}{H}, \quad u_1 = x_1 - |x_1|e_1, \quad H = \frac{1}{2}|u_1|^2 \tag{4.42}$$

展开成矩阵形式如下

$$P_1 = \begin{pmatrix} 1 & 0 & \cdots & 0 \\ 0 & p_{11} & \cdots & p_{1,n-1} \\ \vdots & \vdots & \ddots & \vdots \\ 0 & p_{n-1,1} & \cdots & p_{n-1,n-1} \end{pmatrix} \tag{4.43}$$

(2) 该矩阵左乘输入矩阵 A 后,得到

$$P_1 \cdot A = \begin{pmatrix} a_{11} & a_{12} & \cdots & a_{1n} \\ |x_1| & a'_{22} & \cdots & a'_{2n} \\ \vdots & \vdots & \ddots & \vdots \\ 0 & a'_{n2} & \cdots & a'_{nn} \end{pmatrix} \tag{4.44}$$

上式等号右边带撇的矩阵元表示需要更新 1 次。由之前 Householder 变换公式可知,新矩阵的第一列列向量,其副对角元以下元素都消除为零。

(3) 对上一步更新后的矩阵右乘一个同样的 Householder 矩阵 P_1,可以将第一行副对角元以右元素归零,得到正交变换后的矩阵 $A^{(1)}$,即

$$P_1 \cdot A \cdot P_1 = \begin{pmatrix} a_{11} & |x_1| & \cdots & 0 \\ |x_1| & a_{22}^{(1)} & \cdots & a_{2n}^{(1)} \\ \vdots & \vdots & \ddots & \vdots \\ 0 & a_{n2}^{(1)} & \cdots & a_{nn}^{(1)} \end{pmatrix} = A^{(1)} \tag{4.45}$$

(4) 抽出变换后的矩阵 $A^{(1)}$ 的第二列列向量 $x_2 = (0, 0, a_{32}^{(1)}, \cdots, a_{n2}^{(1)})$(仍旧不包括对角元 $a_{22}^{(1)}$),用它来创建第二个 Householder 变换矩阵 P_2,即

$$P_2 = I - \frac{u_2 \cdot u_2^T}{H}, \quad u_2 = x_2 - |x_2|e_2, \quad H = \frac{1}{2}|u_2|^2 \tag{4.46}$$

与之前类似,将该矩阵左乘和右乘上一步矩阵 $A^{(1)}$,得到新的矩阵 $A^{(2)}$,即

$$P_2 \cdot A^{(1)} \cdot P_2 = \begin{vmatrix} a_{11} & |x_1| & 0 & \cdots & 0 \\ |x_1| & a_{22}^{(2)} & |x_2| & \cdots & 0 \\ 0 & |x_2| & a_{33}^{(3)} & \cdots & a_{3n}^{(3)} \\ \vdots & \vdots & \vdots & \ddots & \vdots \\ 0 & 0 & a_{n3}^{(3)} & \cdots & a_{m}^{(3)} \end{vmatrix} = A^{(2)} \tag{4.47}$$

(5) 不断重复以上步骤,建立一系列 Householder 变换矩阵 $P_1, \cdots, P_{n-2}$,依次将输入矩阵 A 的第 1 至第 $n-2$ 列副对角元以下和第 1 至第 $n-2$ 行副对角元以右元素归零。最终得到一个三对角矩阵为

$$P_{n-2} \cdots P_2 \cdot P_1 \cdot A \cdot P_1 \cdot P_2 \cdots P_{n-2} = \begin{vmatrix} a_{11} & |x_1| & 0 & \cdots & 0 \\ |x_1| & a_{22}^{(2)} & |x_2| & \cdots & 0 \\ 0 & |x_2| & \ddots & \ddots & 0 \\ \vdots & \vdots & \ddots & a_{n-1,n-1}^{(n-1)} & a_{n-1,n}^{(n-1)} \\ 0 & 0 & 0 & a_{n,n-1}^{(n-1)} & a_{m}^{(n-1)} \end{vmatrix}$$

$$\tag{4.48}$$

以上就是完整的三对角化算法流程,整个过程中需要不断做矩阵乘法运算 $A^{(k+1)} = P \cdot A^{(k)} \cdot P$,这样的运算量是很大的,可以根据 Householder 变换矩阵的性质做些简化。首先将矩阵连乘 $P \cdot A \cdot P$ 展开

$$P \cdot A \cdot P = \left(I - \frac{u \cdot u^T}{H}\right) \cdot A \cdot \left(I - \frac{u \cdot u^T}{H}\right) = \left(I - \frac{u \cdot u^T}{H}\right) \cdot \left(A - \frac{A \cdot u}{H} \cdot u^T\right)$$

$$= A - \left(\frac{A \cdot u}{H}\right) \cdot u^T - u \cdot \left(\frac{A \cdot u}{H}\right)^T + \left(\frac{u^T}{H}\right) \cdot \left(\frac{A \cdot u}{H}\right) \cdot u \cdot u^T$$

$$= A - \left[\frac{A \cdot u}{H} - \frac{1}{2}\left(\frac{u^T}{H}\right) \cdot \left(\frac{A \cdot u}{H}\right) \cdot u\right] \cdot u^T$$

$$- u \cdot \left[\frac{A \cdot u}{H} - \frac{1}{2}\left(\frac{u^T}{H}\right) \cdot \left(\frac{A \cdot u}{H}\right) \cdot u\right]^T \tag{4.49}$$

定义一些重复出现的向量和标量,即

$$p = \frac{A \cdot u}{H}, \quad K = \frac{1}{2}\left(\frac{u^T}{H}\right) \cdot p, \quad q = p - Ku \tag{4.50}$$

则原迭代公式 $A^{(k+1)} = P \cdot A^{(k)} \cdot P$ 可以写成更简单的形式

$$A^{(k+1)} = P \cdot A^{(k)} \cdot P = A^{(k)} - q \cdot u^T - u \cdot q^T \tag{4.51}$$

以下就是三对角化算法的程序代码。

```
！利用 Householder 方法将输入矩阵三对角化
subroutine TriDiagonalization(ndim,matrix,qmatrix)
```

```fortran
   integer,intent(in):: ndim
   real * 8,intent(inout):: matrix(ndim,ndim)
   real * 8,intent(inout):: qmatrix(ndim,ndim)
   integer:: i,j,idim,jdim
   real * 8,dimension(ndim):: uvector,pvector,qvector,tpvector
   real * 8:: Hvalue,Kvalue,usize,xsize,temp


! 将输入矩阵三对角化
   do idim=1,ndim-2
    ! 提取矩阵中第 idim 列的列向量
      uvector(1:idim)=0.0d0; pvector(1:idim)=0.0d0; qvector(1:idim)=0.0d0
      uvector(idim+1:ndim)=matrix(idim+1:ndim,idim)
! 计算 Householder 变换矩阵 P 中的矢量 u 和标量 H
      xsize=sqrt(dot_product(uvector(idim+1:ndim),uvector(idim+1:ndim)))
      uvector(idim+1)=uvector(idim+1) - xsize
      usize=sqrt(dot_product(uvector(idim+1:ndim),uvector(idim+1:ndim)))
      Hvalue=0.5d0 * usize * * 2
! 准备 Householder 变换中需要用到的向量 p,q 和标量 K
      do i=idim,ndim
         pvector(i)=dot_product(matrix(i,idim+1:ndim),uvector(idim+1:ndim))/Hvalue
      end do
      Kvalue=dot_product(uvector(idim+1:ndim),pvector(idim+1:ndim))/(2.0d0 * Hvalue)
      qvector(idim:ndim)=pvector(idim:ndim) - Kvalue * uvector(idim:ndim)
! Householder 变换,将矩阵中第 idim 列副对角元以下和以右元素归零
      matrix(idim,idim+1)=xsize; matrix(idim,idim+2:ndim)=0.d0;
      matrix(idim+1,idim)=xsize; matrix(idim+2:ndim,idim)=0.d0;
      do i=idim+1,ndim
         do j=i,ndim
            matrix(i,j)=matrix(i,j) - qvector(i) * uvector(j) - uvector(i) * qvector(j)
            matrix(j,i)=matrix(i,j)
         end do
      end do
! 计算正交变换矩阵的累积 Q=P1・P2…
      do i=1,ndim
         tpvector(i)=dot_product(qmatrix(i,idim+1:ndim),uvector(idim+1:ndim))
         qmatrix(i,idim+1:ndim)=qmatrix(i,idim+1:ndim) - tpvector(i) * uvector(idim+1:ndim)/Hvalue
      end do
   end do
end subroutine
```

　　输入矩阵三对角化完成以后，立即开始 QR 分解将矩阵对角化。这个 QR 分解过程既可以使用第一小节的 Givens 变换来做，也可以使用第二小节的 Householder 变换来做，这里，我们仅介绍前者的计算思路。

　　以 4 维矩阵为例，将 Givens 旋转矩阵 $Q_1(1,2,\theta)$ 的逆左乘一个任意输入矩阵 A 后，其展开形式为

$$Q_1^{-1}A = \begin{pmatrix} \cos\theta & \sin\theta & 0 & 0 \\ -\sin\theta & \cos\theta & 0 & 0 \\ 0 & 0 & 1 & 0 \\ 0 & 0 & 0 & 1 \end{pmatrix} \begin{pmatrix} a_{11} & a_{12} & 0 & 0 \\ a_{21} & a_{22} & a_{23} & 0 \\ 0 & a_{32} & a_{33} & a_{34} \\ 0 & 0 & a_{43} & a_{44} \end{pmatrix}$$

$$= \begin{pmatrix} a_{11}\cos\theta+a_{21}\sin\theta & a_{12}\cos\theta+a_{22}\sin\theta & a_{23}\sin\theta & 0 \\ -a_{11}\sin\theta+a_{21}\cos\theta & -a_{12}\sin\theta+a_{22}\cos\theta & a_{23}\cos\theta & 0 \\ 0 & a_{32} & a_{33} & a_{34} \\ 0 & 0 & a_{43} & a_{44} \end{pmatrix} \quad (4.52)$$

　　本次矩阵相乘仅更新了第 1 行和第 2 行共 6 个矩阵元。因为我们要实施的是 QR 分解，即矩阵相乘后的第 1 列副对角元要归零，也即

$$-a_{11}\sin\theta+a_{21}\cos\theta=0 \quad (4.53)$$

计算出该方程对应的角度 θ 的正弦值和余弦值为

$$a_{11}^2\sin^2\theta=a_{21}^2(1-\sin^2\theta)$$

$$\sin\theta=\frac{a_{21}}{\sqrt{a_{11}^2+a_{21}^2}}, \quad \cos\theta=\frac{a_{11}}{\sqrt{a_{11}^2+a_{21}^2}} \quad (4.54)$$

　　这里的三角函数可以用来更新主对角元 a_{22} 和副对角元 a_{12}、a_{23}，并由此确定要将第二列副对角元 a_{32} 归零的 Givens 矩阵 $Q_2(2,3,\theta)$。依此进行，直至将整个矩阵三角化，完成 QR 分解。

　　注意，这里与上一小节的做法有两点不同：① 上一小节，我们是先做完一个完整的 QR 分解之后，再做正交变换 $A=Q^{-1}AQ=RQ$，而这里，因为三对角矩阵非常简单，所以 QR 分解与正交变换同时进行，即在将输入矩阵第 1 列副对角元归零之后，马上完成正交变换，实际上也只需要计算 6 个矩阵元；② 上一小节，在迭代过程中，我们将当前已经对角化的主对角元以下和以右的矩阵部分分割出去，以便减少需要做 QR 分解的矩阵的大小，这里可以针对三对角矩阵的特点，在某个副对角元为零的位置将矩阵一分为二，只分解右下方的矩阵块，这样可进一步减少待分解的矩阵大小，即

$$\begin{pmatrix} a_{11} & a_{12} & 0 & 0 \\ a_{21} & a_{22} & 0 & 0 \\ 0 & 0 & a_{33} & a_{34} \\ 0 & 0 & a_{43} & a_{44} \end{pmatrix} \Rightarrow \begin{cases} (1) & \begin{pmatrix} a_{33} & a_{34} \\ a_{43} & a_{44} \end{pmatrix} \\ (2) & \begin{pmatrix} a_{11} & a_{12} \\ a_{21} & a_{22} \end{pmatrix} \end{cases} \quad (4.55)$$

实现代码如下。

```fortran
! 三对角化方法解矩阵的本征值和本征矢
subroutine TriDiagIteration(ndim,matrix,eigenvalue,qmatrix,benchmark)
    integer,intent(in):: ndim
    real * 8,intent(inout):: matrix(ndim,ndim)
    real * 8,intent(out):: qmatrix(ndim,ndim),eigenvalue(ndim)
    real * 8,intent(in):: benchmark
    integer:: i,j,idim,jdim,iter,enddim,inidim
    real * 8,dimension(ndim) :: diagvector,subdiagvector,updiagvector,tpvector
    real * 8 :: app,aqq,apq,shift,a1,a2,cosa,sina,sinasq,cosasq,sin2a,cos2a,temp

! 初始化本征值和本征矢数组
    eigenvalue=0.0d0; qmatrix=0.0d0
    qmatrix=0.0
    do idim=1,ndim
        qmatrix(idim,idim)=1.0d0
    end do

! 预处理,利用 Householder 方法将输入矩阵三对角化
    call TriDiagonalization(ndim,matrix,qmatrix)

    iter=0; enddim=ndim
! 从矩阵右下角开始,解三对角矩阵的本征值和本征矢
    do
        iter=iter+1

! 根据副对角元的大小分割矩阵,确定矩阵块的下界 enddim
        do idim=enddim-1,1,-1
            if (abs(matrix(idim+1,idim)) > benchmark) exit
        end do
        enddim=idim+1; if (enddim==1) exit
! 确定矩阵块的上界 inidim
        do idim=enddim-2,1,-1
            if (abs(matrix(idim,idim+1)) < benchmark) then
                matrix(idim,idim+1)=0.0d0; exit
            end if
        end do
        inidim=idim+1
```

```
! 开始处理矩阵块(inidim:enddim, inidim:enddim)
! 计算当前矩阵块中右下角 2×2 子矩阵的本征值,确定原点平移量
    app=matrix(enddim-1,enddim-1); aqq=matrix(enddim,enddim);apq=matrix(enddim-1,
enddim)
    temp=(app+aqq)**2 - 4.0d0*(app*aqq - apq**2)
    a1=0.5d0*(app+aqq+sqrt(temp)); a2=0.5d0*(app+aqq - sqrt(temp))
    if (abs(a1-aqq) < abs(a2-aqq)) then
        shift=a1
    else
        shift=a2
    end if
! 显式原点平移
    do i=inidim,enddim
        matrix(i,i)=matrix(i,i) - shift
    end do


! 取出所有主对角元和副对角元,后面将会用它们来存储 Givens 矩阵左乘输入矩阵(P・A)的
相应矩阵元
! 注意,副对角元 matrix(idim+1,idim) 和 matrix(idim,idim+1) 的索引值都是 idim
    do idim=inidim,enddim-1
        diagvector(idim)=matrix(idim,idim)
        if (idim<ndim) then
            updiagvector(idim)=matrix(idim,idim+1)
            subdiagvector(idim)=updiagvector(idim)
        end if
    end do


! 使用 Givens 方法开始对矩阵块(inidim:enddim, inidim:enddim)进行 QR 分解
    do idim=inidim,enddim-1
! 在 QR 分解中,为将矩阵(P・A)副对角元(idim+1,idim)归零,需要计算 Givens 矩阵中的正
弦值和余弦值
        temp=sqrt(diagvector(idim)**2+subdiagvector(idim)**2)
        sina=subdiagvector(idim)/temp; cosa=diagvector(idim)/temp
        cosasq=cosa**2; sinasq=sina**2; sin2a=2.0d0*sina*cosa; cos2a=1.0d0 -
2.0d0*sinasq
! 对输入矩阵进行正交变换 (P・A・P)
! 更新矩阵元 A(p,p),A(q,q) 和 A(p,q) (p=idim,q=idim+1)
        app=matrix(idim,idim); aqq=matrix(idim+1,idim+1); apq=matrix(idim,idim+1)
```

```
        matrix(idim,idim)＝app * cosasq＋apq * sin2a＋aqq * sinasq
        matrix(idim＋1,idim＋1)＝app * sinasq - apq * sin2a＋aqq * cosasq
        matrix(idim,idim＋1)＝apq * cos2a＋((aqq - app) * sin2a) * 0.5d0
        matrix(idim＋1,idim)＝matrix(idim,idim＋1)
! 更新矩阵元 A(p-1,p)
    if (idim ＞ inidim) then
        a1＝matrix(idim-1,idim); a2＝matrix(idim-1,idim＋1)
        matrix(idim-1,idim)＝a1 * cosa＋a2 * sina; matrix(idim-1,idim＋1)＝-a1 * sina＋
a2 * cosa
    end if
! 更新矩阵元 A(q,q＋2)
    if (idim ＜ enddim-1) then
        a1＝matrix(idim,idim＋2); a2＝matrix(idim＋1,idim＋2)
        matrix(idim,idim＋2)＝a1 * cosa＋a2 * sina; matrix(idim＋1,idim＋2)＝-a1 * sina
＋a2 * cosa
    end if
! 存储 Givens 矩阵左乘输入矩阵(P·A)的主对角元(q,q)和副对角元(p,p＋1)
    diagvector(idim＋1)＝updiagvector(idim) * (-sina)＋diagvector(idim＋1) * cosa
    updiagvector(idim＋1)＝cosa * updiagvector(idim＋1)
! 更新变换矩阵 qmatrix 中的 ip 列和 iq 列
    do jdim＝1,ndim
        app＝qmatrix(jdim,idim); aqq＝qmatrix(jdim,idim＋1)
        qmatrix(jdim,idim)＝app * cosa＋aqq * sina
        qmatrix(jdim,idim＋1)＝-app * sina＋aqq * cosa
    end do
  end do


! 正交变换后,还原原点平移量
  do i＝inidim,enddim
    matrix(i,i)＝matrix(i,i)＋shift
  end do
 end do


! 本征矢已经存储在变换矩阵 qmatrix 中,这里仅需要从输入矩阵中取出本征值
 do idim＝1,ndim
    eigenvalue(idim)＝matrix(idim,idim)
 end do
! 将本征值按绝对值从小到大的顺序排列,本征矢也相应调整
 do idim＝1,ndim
```

```
        do jdim＝idim＋1,ndim
          if (abs(eigenvalue(idim)) ＜ abs(eigenvalue(jdim))) then
              temp＝eigenvalue(idim)；eigenvalue(idim)＝eigenvalue(jdim)；
                                                    eigenvalue(jdim)＝temp
              tpvector(1：ndim)＝qmatrix(1：ndim,idim)
              qmatrix(1：ndim,idim)＝qmatrix(1：ndim,jdim)；qmatrix(1：ndim,jdim)＝tpvector
              (1：ndim)
          end if
        end do
      end do
      print "(a,i3)","Tridiagonalization iteration steps：",iter
  end subroutine
```

主程序中加入以下调用语句。

```
! 调用本征值算法
    select case(imethod)
    case (1)              ! 调用 Jacobi 迭代法解本征问题
        call JacobiIteration(ndim,matrix,eigenvalue,eigenvector,1.0d-6)
    case (2)              ! 调用 QR 分解法解本征问题
        call QRDecomposition(ndim,matrix,eigenvalue,eigenvector,1.0d-6)
    case (3)              ! 调用三对角化方法解本征问题
        call TriDiagIteration(ndim,matrix,eigenvalue,eigenvector,1.0d-6)
    case (0)              ! 退出
        exit
    case default
        print *,"no such method!"；cycle
    end select
```

下面用三对角化方法来计算同一个矩阵,同样设定收敛条件为 1.0×10^{-6}。

$$\begin{pmatrix} 4 & 2 & 3 & 5 \\ 2 & 5 & 1 & 6 \\ 3 & 1 & 6 & 2 \\ 5 & 6 & 2 & 1 \end{pmatrix}$$

计算结果如图 4-3 所示。可以看到,三对角化方法能够正确计算出本征值,误差为 0.42×10^{-9},比 QR 分解法的略大,但仍在可接受范围以内,且迭代步数更少。

到这里,我们一共介绍了三种本征值算法:Jacobi 迭代法、QR 分解法和三对角化方法,虽然它们的算法思想各有不同,但都可以得到正确的结果。为了对它们的计

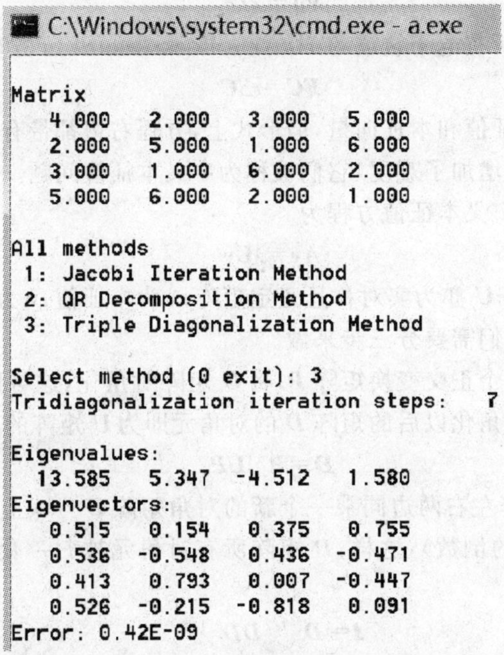

图 4-3 三对角化方法解矩阵的本征值和本征矢

算效率有一个更直观的认识,我们对一个 200×200 的大型随机矩阵计算本征值,所有矩阵元都是在 0 到 1 之间随机产生的小数,三种算法的计算误差和计算时间列表如表 4-1 所示。

表 4-1 三种本征值算法比较

算　　法	计 算 误 差	计算时间/s
Jacobi 迭代法	2.1×10^{-7}	2.168
QR 分解法	2.6×10^{-7}	17.847
三对角化方法	2.1×10^{-8}	0.265

表 4-1 中数据显示,对于大型体系,无论是从计算误差还是计算时间来看,三对角化方法都具有极大的优势。虽然三对角化方法本质上仍旧属于 QR 分解法,但它在实施细节上做了一系列特有的改进,使得计算性能显著提升。目前,三对角化方法已经成为应用最为广泛的本征值求解算法。

第 4 节 广义本征值问题

在某些物理学问题中,我们遇到的方程并不是标准的本征值方程,如经典力学中用于计算简正模式的振动方程

$$Va = \lambda Ta \tag{4.56}$$

量子化学中用于计算所有电子轨道的 Hartree-Fock-Roothaan 方程

$$FC = \varepsilon SC \tag{4.57}$$

这些方程都需要解本征值和本征向量,但形式上,方程右边都带有一个额外的常数矩阵,这就给方程的求解增加了难度,它们被称为广义本征值问题。

现在定义一般的广义本征值方程为

$$Av = \lambda Uv \tag{4.58}$$

式中:A 是实对称矩阵;U 亦为实对称且正定矩阵;λ 为本征值;v 为本征矢。

解这样的方程,我们需要分三步来做。

第一步,求得第一个正交变换矩阵 P,将 U 矩阵对角化,这可以用前面标准的本征值求解程序来做,对角化以后的矩阵 D 的对角元即为 U 矩阵的所有本征值。

$$D = P^{-1}UP \tag{4.59}$$

第二步,在 D 矩阵左右两边同乘一个新的对角矩阵 $D^{-1/2}$(上标 $-1/2$ 表示取 D 矩阵对角元的平方根的倒数),这样,D 矩阵所有对角元被归一化,得到一个单位矩阵,即

$$I = D^{-1/2}DD^{-1/2} \tag{4.60}$$

结合上面两个公式,有

$$I = D^{-1/2}P^{-1}UPD^{-1/2} \tag{4.61}$$

再定义一个新的变换矩阵 $Q = PD^{-1/2}$,它可以将 U 矩阵的对角化和归一化操作统一起来

$$I = Q^{T}UQ \tag{4.62}$$

第三步,根据上面的结论,对广义本征值方程中也做一个等价变换

$$Q^{T}AQQ^{-1}v = \lambda Q^{T}UQQ^{-1}v \tag{4.63}$$

进一步整理

$$(Q^{T}AQ)Q^{-1}v = \lambda Q^{-1}v \tag{4.64}$$

定义新的矩阵 S 和向量 u 以简化方程

$$S = Q^{T}AQ, \quad u = Q^{-1}v \tag{4.65}$$

则广义本征值方程最终变换为一个简单的本征值方程

$$Su = \lambda u \tag{4.66}$$

这时可以发现,复合矩阵 S 的本征值即为原广义本征值方程的本征值 λ,而原方程的本征矢 v 只需要通过对矩阵 S 的本征矢做一个简单的变换就可以得到,即

$$v = Qu \tag{4.67}$$

到这里,广义本征值方程完全可以求解了。

具体代码如下。

```
! 解广义本征值方程
subroutine GeneralizedEigenSolver(ndim,amatrix,umatrix,eigenvalue,eigenvector,benchmark)
    integer,intent(in) :: ndim
    real*8,intent(inout) :: amatrix(ndim,ndim),umatrix(ndim,ndim)
    real*8,intent(out) :: eigenvector(ndim,ndim),eigenvalue(ndim)
    real*8,intent(in) :: benchmark
    integer :: jdim
    real*8 :: qmatrix(ndim,ndim),tpeigenvec(ndim,ndim)
! 将广义本征值方程右边的矩阵 u 对角化
    call TriDiagIteration(ndim,umatrix,eigenvalue,qmatrix,1.0d-6)
! 将对角化后的矩阵归一化,得到操作矩阵 q
    do jdim=1,ndim
        qmatrix(1:ndim,jdim)=qmatrix(1:ndim,jdim)/sqrt(eigenvalue(jdim))
    end do
! 计算矩阵 S(S=Q^tAQ)
    amatrix=matmul(amatrix,qmatrix)
    amatrix=matmul(transpose(qmatrix),amatrix)
! 计算矩阵 S 本征值和本征矢
    call TriDiagIteration(ndim,amatrix,eigenvalue,tpeigenvec,1.0d-6)
! 计算广义本征值方程中的本征矢
    eigenvector=matmul(qmatrix,tpeigenvec)
end subroutine
```

与前面解标准本征值方程的程序相比,这个程序多了一个参数 umatrix,它用来给出广义本征值方程右边的常数矩阵 U,其他参数则与之前的求解程序是一样的。正如算法描述,它首先将矩阵 U 对角并归一化,得到操作矩阵 Q,然后计算复合矩阵 $S=Q^{\mathrm{T}}AQ$,并求解其本征值和本征矢,最后通过变换公式(4.67),得到广义本征值方程的本征矢。

下面建立一个测试用的主程序。

```
program main
    use Comphy_Eigenproblem
    implicit none
    integer :: ndim,idim,jdim,imethod
    real*8,allocatable,dimension(:,:) :: iniamatrix,iniumatrix,amatrix,umatrix,eigenvector
    real*8,allocatable,dimension(:) :: eigenvalue,tpvec1,tpvec2
    real*8 :: error
    print *
```

```
! 设置数组大小
ndim=4
allocate(iniamatrix(ndim,ndim),amatrix(ndim,ndim),eigenvector(ndim,ndim))
allocate(iniumatrix(ndim,ndim),umatrix(ndim,ndim))
allocate(eigenvalue(ndim),tpvec1(ndim),tpvec2(ndim))


! 设置输入矩阵 A 并打印
iniamatrix(1,1:ndim)=(/4.0, 2.0, 3.0, 5.0/)
iniamatrix(2,1:ndim)=(/2.0, 5.0, 1.0, 6.0/)
iniamatrix(3,1:ndim)=(/3.0, 1.0 ,6.0, 2.0/)
iniamatrix(4,1:ndim)=(/5.0, 6.0 ,2.0, 1.0/)
print "(a)","Matrix A"
call printarray(ndim,ndim,iniamatrix)
! 设置输入矩阵 U 并打印
iniumatrix(1,1:ndim)=(/5.0, 3.0, 2.0, 2.0/)
iniumatrix(2,1:ndim)=(/3.0, 5.0, 1.0, 1.0/)
iniumatrix(3,1:ndim)=(/2.0, 1.0, 4.0, 2.0/)
iniumatrix(4,1:ndim)=(/2.0, 1.0 ,2.0, 3.0/)
print "(a)","Matrix U"
call printarray(ndim,ndim,iniumatrix)


! 调用广义本征值算法
amatrix=iniamatrix; umatrix=iniumatrix
call GeneralizedEigenSolver(ndim,amatrix,umatrix,eigenvalue,eigenvector,1.0d-6)


! 输出本征值和本征矢
print "(/,a)","Eigenvalues："
print "(4f8.3)",eigenvalue(1:ndim)
print "(a)","Eigenvectors："
do idim=1,ndim
    print "(4f8.3)",eigenvector(idim,1:ndim)
end do
! 输出误差
error=0.0d0
do idim=1,ndim
    call MatrixDotVector(ndim,iniamatrix,eigenvector(:,idim),tpvec1)
    call MatrixDotVector(ndim,iniumatrix,eigenvector(:,idim),tpvec2)
    tpvec1(1:ndim)=tpvec1(1:ndim) - eigenvalue(idim) * tpvec2(1:ndim)
```

```
        error＝error＋dot_product(tpvec1,tpvec1)
   end do
   error＝sqrt(error/dble(ndim ∗ ndim))
   print "(a,e8.2e2)","\n Error：",error
end program
```

程序中先定义了如下的广义本征值方程

$$
\begin{pmatrix} 4 & 2 & 3 & 5 \\ 2 & 5 & 1 & 6 \\ 3 & 1 & 6 & 2 \\ 5 & 6 & 2 & 1 \end{pmatrix} v = \lambda \begin{pmatrix} 5 & 3 & 2 & 2 \\ 3 & 2 & 1 & 1 \\ 2 & 1 & 4 & 2 \\ 2 & 1 & 2 & 3 \end{pmatrix} v \tag{4.68}
$$

然后调用上面的广义本征值求解程序 GeneralizedEigenSolver 解该方程,最后将解得的本征值和本征矢回代入方程以检验误差。计算结果如图 4-4 所示,可以看到误差只有 0.13×10^{-6},这与主程序中预先设定的误差标准一致。

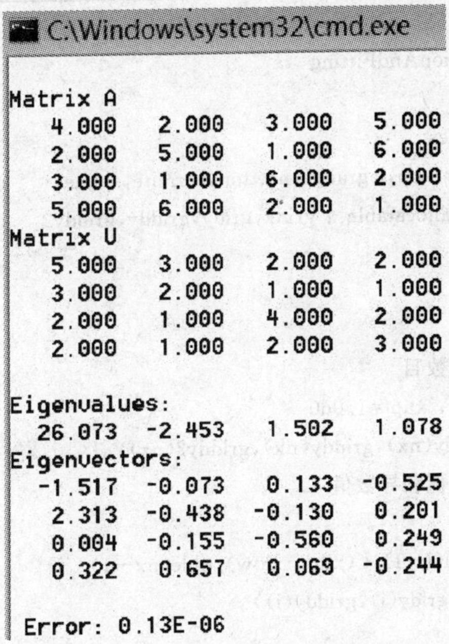

图 4-4　广义本征值算法测试结果

第五章　插值与拟合

物理实验中,由于实验条件的限制,只能测量一些物理参数的离散数据,如不同时刻的坐标、速度、压力、温度等。那么,在这些离散数据之间无实验数据的位置,该如何确定这些物理参数的数值呢? 我们需要可靠的插值和拟合方法来进行预测和分析。理论物理学中也有类似的情形,有一些物理函数涉及大量的采样,如自由能函数,为得到完整的自由能曲线或曲面,需要沿反应坐标连续采样,但受计算量的限制,实际上只能将反应坐标离散化以后再逐点计算。因此,在采样点之间,无采样数据的情况下,同样需要用到插值和拟合方法来建立连续函数,为后续对该函数做微分或积分运算准备必要的基础。

学习插值算法之前,先给出插值主程序。

```
program main
    use Comphy_InterpolationAndFitting
    implicit none
    integer :: i,nx,nsamples
    real * 8 :: x,y,dy,xlow,xup,lagrange,newton,hermite,spline
    real * 8,dimension(:),allocatable :: gridx,gridy,griddy,griddy2
    external :: getfun


! 设置插值区间和插值点数目
    nx=4; xlow=-1.0d0; xup=1.0d0
    allocate(gridx(nx),gridy(nx),griddy(nx),griddy2(nx))
! 计算插值格点上的函数值和导数值
    do i=1,nx
        gridx(i)=xlow+real(i-1) * (xup-xlow)/dble(nx-1)
        call getfun(gridx(i),gridy(i),griddy(i))
    end do


! 输出插值点信息
    open(unit=10,file="gridpoints. txt",action="write")
    do i=1,nx
        write(10,"(i5,3f8. 3)") i,gridx(i),gridy(i),griddy(i)
    end do
```

```
   close(10)

! ==============开始插值
! ============
end program

! 用于插值的原函数
subroutine getfun(x,y,dy)
   implicit none
   real * 8,intent(in):: x
   real * 8,intent(out):: y,dy

   y=4.0/(1.0+x * * 2)
   dy=-(8.0d0 * x)/((1.0d0+x * * 2) * * 2)
end subroutine
```

上述代码给出的主程序仅仅完成了插值之前的准备工作,包括设置格点(4 个,均匀分布在区间[-1,1]内),调用子程序 getfun 计算插值格点上的函数值和导数值,并写入文件 gridpoints.txt,而插值格点之间的采样信息则需要调用插值算法来完成。

另外,还需要建立一个放置插值程序的模块,以后介绍的多种插值算法都会逐步加入其中。

```
module Comphy_InterpolationAndFitting
implicit none

contains
end module
```

第 1 节　Lagrange 插值

一个任意函数 $f(x)$,现在仅仅知道它在一系列离散位置$(x_0,x_1,\cdots,x_n)$上的函数值 $f(x_0)$, $f(x_1)$,$\cdots$,$f(x_n)$,那么要想获得该函数在整个区间$[x_0,x_n]$内的完整形式,最简单的方式是假定它由一些简单的基函数 $\phi_i(x)$ 和相应的加权系数 a_i 线性组合而成,即

$$P(x) = \sum_{i=0}^{n} a_i \phi_i(x) \tag{5.1}$$

等式左边之所以不用原函数 $f(x)$,而是替换为 $P(x)$,是因为这样线性组合得到的新

函数与原函数是有差异的,无法做到完全一致。这一利用基函数和加权系数来建立连续函数的过程,就称为插值。总体上,计算插值函数 $P(x)$ 有两个思路:第一是先设定所有的插值基函数 $\phi_i(x)$,然后根据插值点 $(x_0,x_1,\cdots,x_n)$ 上的原函数信息,计算出相应的加权系数 a_i;另外一个思路正好相反,是先设定所有的加权系数 a_i,然后确定所有基函数 $\phi_i(x)$ 的具体形式。

先来看第一个思路。所有的基函数确定以后,它们在全部插值点上的数值也就可以计算了。分别令 $x=x_0,x_1,\cdots,x_n$ 并回代入式(5.1),有

$$\begin{cases} a_0\phi_0(x_0)+a_1\phi_1(x_0)+\cdots+a_n\phi_n(x_0)=f(x_0) \\ a_0\phi_0(x_1)+a_1\phi_1(x_1)+\cdots+a_n\phi_n(x_1)=f(x_1) \\ \qquad\qquad\qquad\qquad\qquad\qquad\quad\vdots \\ a_0\phi_0(x_n)+a_1\phi_1(x_n)+\cdots+a_n\phi_n(x_n)=f(x_n) \end{cases} \tag{5.2}$$

该方程组有唯一解的条件是,其系数矩阵的行列式必须不为零,即

$$\begin{vmatrix} \phi_0(x_0) & \cdots & \phi_n(x_0) \\ \vdots & \ddots & \vdots \\ \phi_0(x_n) & \cdots & \phi_n(x_n) \end{vmatrix} \neq 0 \tag{5.3}$$

而该条件显然依赖于基函数的选取。例如,如果采用 $n+1$ 个基函数 $\phi_0(x)=x^0$,$\phi_1(x)=x^1,\cdots,\phi_n(x)=x^n$,对任意函数 $f(x)$ 进行插值,则插值函数中所有加权系数可以被唯一确定的条件是

$$\begin{vmatrix} 1 & \cdots & x_0^n \\ \vdots & \ddots & \vdots \\ 1 & \cdots & x_n^n \end{vmatrix} = \prod_{0 \leqslant j < i \leqslant n} | x_i - x_j | \neq 0 \tag{5.4}$$

这就是著名的 Vandermonde 行列式。从行列式的连乘展开式可以看出,只要用于插值的采样点 $(x_0,x_1,\cdots,x_n)$ 不重合,则加权系数乃至插值函数就可以唯一确定。这一插值思路简单清晰,但实际插值的时候,往往插值点数目巨大,由此导致需要求解的线性方程组(5.2)的维数也非常大,这必然会降低插值效率。稍加观察,我们会发现计算量大与插值基函数 $\phi_i(x)$ 的全局性有关,如果某些基函数是局域的(即只在少数甚至仅一个插值点上非零),则方程组(5.2)的系数矩阵将会大大简化,求解起来会容易很多。

现在来看第二个思路。为得到插值函数 $P(x)$,先设定式(5.1)中的所有加权系数 a_i,此时刚好可以把已知的插值信息用上,令它们与原函数 $f(x)$ 在插值点上的函数值相等,即

$$\begin{cases} a_0=f(x_0)=y_0 \\ a_1=f(x_1)=y_1 \\ \quad\vdots \\ a_n=f(x_n)=y_n \end{cases} \tag{5.5}$$

这里定义 $f(x_i)=y_i$ 是为了简化形式,以后都会用 y_i 替换 $f(x_i)$,回代入式(5.1),有

$$P(x) = \sum_{i=0}^{n} y_i \phi_i(x) \tag{5.6}$$

然后来尝试确定基函数 $\phi_i(x)$ 的形式。根据前一插值思路得到的经验,这次不采用全局基函数,而是将其限制在特定的采样点周围。例如,对于第 i 个基函数 $\phi_i(x)$,令它只在第 i 个插值点 x_i 上等于1,并向两侧线性衰减,直至在两侧相邻的采样点(x_{i-1} 和 x_{i+1})上衰减为零。用公式表述即为

$$\phi_i(x_j) = \delta_{ij} = \begin{cases} 0, & j \neq i \\ 1, & j = i \end{cases} \tag{5.7}$$

这里基函数 $\phi_i(x_j)$ 专指第 i 个基函数在第 j 个点上的采样值。这样设计的基函数自然满足插值要求(即插值函数在插值点上的函数值等于原函数值)。要符合公式(5.7),基函数需要具有如下形式

$$\phi_i(x) = \frac{(x-x_0)\cdots(x-x_{i-1})(x-x_{i+1})\cdots(x-x_n)}{(x_i-x_0)\cdots(x_i-x_{i-1})(x_i-x_{i+1})\cdots(x_i-x_n)} \tag{5.8}$$

可以看出,基函数是个多项式,其最高阶数是 n(则采样点数目是 $n+1$),采用这一局域基函数的插值方法称为 Lagrange 插值法。这样得到的 Lagrange 插值函数 $P(x)$ 也是个多项式,其阶数与基函数的一致,都是 n 阶,因此,该插值过程称为 n 次 Lagrange 插值,对应的插值函数也可以写成 $P_n(x)$。

插值方法的一个直接应用是用格点上的采样信息来建立插值函数并计算任意位置上的插值函数值。如函数 $f(x)=x^3$,可以为它构造一个插值函数 $P(x)$,$P(x)$ 由三个基函数组合而成,即

$$P(x) = a_0\phi_0(x) + a_1\phi_1(x) + a_2\phi_2(x) \tag{5.9}$$

现设定三个采样点分别为 $x_0=0, x_1=1, x_2=2$(采样点数目需要与基函数数目相等),则由式(5.8)可以确定基函数的形式为

$$\begin{cases} \phi_0(x) = \dfrac{(x-x_1)(x-x_2)}{(x_0-x_1)(x_0-x_2)} = \dfrac{1}{2}(x-1)(x-2) \\[2mm] \phi_1(x) = \dfrac{(x-x_0)(x-x_2)}{(x_1-x_0)(x_1-x_2)} = -x(x-2) \\[2mm] \phi_2(x) = \dfrac{(x-x_0)(x-x_1)}{(x_2-x_0)(x_2-x_1)} = \dfrac{1}{2}x(x-1) \end{cases} \tag{5.10}$$

而各个插值点上对应的原函数值分别为 $f(x_0)=0, f(x_1)=1, f(x_2)=8$,代入式(5.5),马上可以给出与各个基函数对应的系数 $a_0=0, a_1=1, a_2=8$。至此插值函数 $P(x)$ 可以完全确定了,即

$$P(x) = -x(x-2) + 4x(x-1) = 3x^2 - 2x \tag{5.11}$$

从形式上来看,插值函数是二次多项式,与原来的三次函数 $f(x)=x^3$ 稍有不同,除非原函数也是多项式,而且插值函数中基函数的阶数足够高,否则插值函数是无法做到与原函数完全一致的。不过由于插值多项式形式更为简单,我们可以很方

便地用它来替换复杂的原函数,以便进行微分和积分计算,完成解析方法无法完成的工作。这在下一章(数值微积分)中会有详细讨论。

Lagrange 插值函数毕竟不是原来的函数,必须要给出一个量化标准来评估误差大小。误差函数原本定义为

$$R(x) = f(x) - P(x) \tag{5.12}$$

但由于原函数 $f(x)$ 在插值格点以外的位置无法得知(否则也不必做插值了),所以误差大小也就无法直接计算。不过该误差函数有一个特性,即在所有插值格点 $x_0, x_1,$ $\cdots, x_n$ 处数值为零,可以利用这一点重新给出误差函数的形式(c 为任意常数),即

$$R(x) = c(x - x_0) \cdots (x - x_n) \tag{5.13}$$

这种形式的误差函数是 $n+1$ 阶多项式。结合以上两个公式有

$$c(x - x_0) \cdots (x - x_n) = f(x) - P(x) \tag{5.14}$$

前面已经说过,插值函数 $P(x)$ 是 n 阶的,而式(5.14)左边的多项式是 $n+1$ 阶的,因此,先对原函数 $f(x)$ 在区间 $[x_0, x_n]$ 内任一插值点 x_i 邻域内做 n 阶泰勒展开

$$f(x) = f(x_i) + \cdots + \frac{(x - x_i)^n}{n!} f^{(n)}(x_i) + \frac{(x - x_i)^{n+1}}{(n+1)!} f^{(n+1)}(\xi) \tag{5.15}$$

这里的变量 ξ 是区间 $[x_i, x]$ 中的任意值,代入式(5.14)后,令其左、右两边同时对 x 求 $n+1$ 阶导数,有

$$c(n+1)! = f^{(n+1)}(\xi) \tag{5.16}$$

这样就可以计算其中的常数 c,即

$$c = \frac{f^{(n+1)}(\xi)}{(n+1)!} \tag{5.17}$$

最后给出完整的 Lagrange 插值误差函数公式(也称余项公式)

$$R(x) = \frac{f^{(n+1)}(\xi)}{(n+1)!} (x - x_0) \cdots (x - x_n) \tag{5.18}$$

这就是 $n+1$ 点 Lagrange 插值的误差函数。在实际插值过程中,如果原函数形式未知,$f^{(n+1)}(\xi)$ 就无法计算。为此可以稍作改进,在前面的插值点 $x_0, x_1, \cdots, x_n$ 后面再增加一个插值点 x_{n+1},然后做两次插值:第一次在 $x_0, x_1, \cdots, x_n$ 上插值,建立插值函数 $P_1(x)$,误差为

$$R(x) = f(x) - P_1(x) = \frac{f^{(n+1)}(\xi)}{(n+1)!} (x - x_0) \cdots (x - x_n) \tag{5.19}$$

第二次在 $x_1, x_2, \cdots, x_{n+1}$ 上插值,建立插值函数 $P_2(x)$,误差为

$$R(x) = f(x) - P_2(x) = \frac{f^{(n+1)}(\xi)}{(n+1)!} (x - x_1) \cdots (x - x_{n+1}) \tag{5.20}$$

然后两式相除,可以消去原函数 $f(x)$ 的高阶导数,得到

$$\frac{f(x) - P_1(x)}{f(x) - P_2(x)} = \frac{(x - x_0) \cdots (x - x_n)}{(x - x_1) \cdots (x - x_{n+1})} = \frac{x - x_0}{x - x_{n+1}} \tag{5.21}$$

整理一下,则原函数 $f(x)$ 的表达式为

$$f(x) = \frac{x - x_{n+1}}{x_0 - x_{n+1}} P_1(x) + \frac{x - x_0}{x_{n+1} - x_0} P_2(x) \tag{5.22}$$

回代入式(5.12),可以得到新的误差函数为

$$R(x) = \frac{x - x_0}{x_0 - x_{n+1}} (P_1(x) - P_2(x)) \tag{5.23}$$

该公式称为事后误差估计,以后会多次碰到。与式(5.18)给出的误差定义不同,这里的误差公式避免了计算原函数的高阶导数,不过因为要做两次插值,计算量也相应增加。

下面是 Lagrange 插值程序代码。

```fortran
! Lagrange 插值程序
subroutine lagrange_interpolation(nx,x,gridx,gridy,lagrange)
   integer,intent(in):: nx
   real * 8,intent(in):: x,gridx(nx),gridy(nx)
   real * 8,intent(out):: lagrange
   real * 8:: coeff
   integer i,j
   lagrange=0.0d0
   do i=1, nx
     coeff=1.0
     do j=1, nx
       if (i==j) cycle
       coeff=coeff * (x-gridx(j))/(gridx(i)-gridx(j))
     end do
     lagrange=lagrange+coeff * gridy(i);
   end do
end subroutine
```

程序中带有五个参数 nx、x、gridx、gridy、lagrange,前四个是输入参数,分别为插值格点的数目、当前要插值的位置、所有插值格点位置和对应的原函数值;输出参数 lagrange 则给出了 Lagrange 插值的计算结果。为执行上面的插值运算,主程序中也需要加入以下调用代码。

```fortran
! ==============开始插值
   open(unit=10,file="interpolation. txt",action="write")
   nsamples=100
   do i=0,nsamples
     x=xlow+(xup-xlow) * real(i)/real(nsamples)
! 调用 Lagrange 插值程序
     call Lagrange_interpolation(nx,x,gridx,gridy,lagrange)
```

```
! 计算原函数
    call getfun(x,y,dy)
! 输出计算结果
    write(10,"(3f8.3)") x,y,lagrange
end do
close(10)
```

图 5-1 所示的是对一个简单的函数 $f(x)=4/(1+x^2)$ 做四点三次 Lagrange 插值的计算结果。实线是原函数,上面的实心圆圈是选定的插值点,带空心三角的虚线是插值函数,两者形状基本相同,除了采样点以外,其余位置都有偏差。

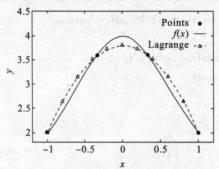

图 5-1　四点三次 Lagrange 插值示例

第 2 节　Newton 插值

上一小节介绍的 Lagrange 插值存在一个问题,就是它用到的每一个基函数都依赖于所有的插值点坐标(见式(5.8)),当增加哪怕一个插值点,所有这些基函数必须要重新计算,这是相当麻烦的。本节介绍一种新的插值算法,它的基函数的个数虽然与插值点数目一样,但第一个基函数仅依赖第一个插值点的信息,第二个基函数仅依赖第 1 个、第 2 个插值点的信息,以此类推,到了第 n 个基函数,它也仅依赖前 n 个点的信息。因此,即使再增加一个插值点,之前已经得到的基函数无需重新计算,该算法称为 Newton 插值法。

现在来看它的推导过程。假定 Newton 插值函数同样由许多基函数组合而成,即

$$P(x) = \sum_{i=0}^{n-1} a_i \phi_i(x) \tag{5.24}$$

当增加到第 $n+1$ 个插值点时,需要相应增加第 $n+1$ 个基函数 $\phi_n(x)$,这个新增基函数应该具有

$$\phi_n(x)=0, \quad x=x_0,x_1,\cdots,x_{n-1} \tag{5.25}$$

的性质,即该基函数加入插值函数以后,不会改变原有的 n 点插值特性(即它在前面 n 个插值点上数值为零),这样的基函数自然可以表示为

$$\phi_n(x)=(x-x_0)\cdots(x-x_{n-1}) \tag{5.26}$$

其他基函数也同样有此形式,将全部 $n+1$ 个基函数回代入式(5.24),有

$$\begin{cases} P(x_0)=a_0=y_0 \\ P(x_1)=a_0+a_1(x_1-x_0)=y_1 \\ P(x_2)=a_0+a_1(x_2-x_0)+a_2(x_2-x_0)(x_2-x_1)=y_2 \\ \quad\vdots \\ P(x_n)=a_0+a_1(x_n-x_0)+\cdots+a_n(x_n-x_0)\cdots(x_n-x_{n-1})=y_n \end{cases} \tag{5.27}$$

解该方程组,可以得到所有的加权系数 a_i 为

$$\begin{cases} a_0=y_0 \\ a_1=\dfrac{y_1-y_0}{x_1-x_0} \\ a_2=\dfrac{1}{x_2-x_1}\left(\dfrac{y_2-y_0}{x_2-x_0}-a_1\right) \\ a_3=\dfrac{1}{x_3-x_2}\left[\left(\dfrac{y_3-y_0}{x_3-x_0}-a_1\right)\dfrac{1}{x_3-x_1}-a_2\right] \\ \quad\vdots \end{cases} \tag{5.28}$$

如果 n 越大,则加权系数也越复杂。可以定义一组差商公式来递归表示,即

$$\begin{cases} a_0=y_0 \\ a_1=f[x_0,x_1]=\dfrac{y_1-y_0}{x_1-x_0} \\ a_2=f[x_0,x_1,x_2]=\dfrac{f[x_1,x_2]-f[x_0,x_1]}{x_2-x_0} \\ \quad\vdots \\ a_n=f[x_0,x_1,\cdots,x_n]=\dfrac{f[x_1,x_2,\cdots,x_n]-f[x_0,x_1,\cdots,x_{n-1}]}{x_n-x_0} \end{cases} \tag{5.29}$$

得到所有加权系数以后,代入式(5.24),就可以得到 $n+1$ 点 Newton 插值公式

$$P(x)=a_0+a_1(x-x_0)+\cdots+a_n(x-x_0)\cdots(x-x_{n-1}) \tag{5.30}$$

可以看到,与 Lagrange 插值函数一样,$n+1$ 点 Newton 插值函数也是最高为 n 次的多项式。以两点插值为例,插值基函数和加权系数分别为

$$\begin{cases} \phi_0(x)=1 \\ \phi_1(x)=x-x_0 \end{cases}, \quad \begin{cases} a_0=y_0 \\ a_1=\dfrac{y_1-y_0}{x_1-x_0} \end{cases} \tag{5.31}$$

因此,Newton 插值公式可以写成

$$P(x)=y_0+\dfrac{y_1-y_0}{x_1-x_0}(x-x_0) \tag{5.32}$$

而如果用 Lagrange 插值，则插值基函数和加权系数如下

$$\begin{cases} \phi_0(x) = \dfrac{x-x_1}{x_0-x_1}, \\ \phi_1(x) = \dfrac{x-x_0}{x_1-x_0} \end{cases} \quad \begin{cases} a_0 = y_0 \\ a_1 = y_1 \end{cases} \tag{5.33}$$

Lagrange 插值公式可以写成

$$P(x) = y_0 \frac{x-x_1}{x_0-x_1} + y_1 \frac{x-x_0}{x_1-x_0} = \frac{1}{x_1-x_0}(-y_0 x + y_0 x_1 + y_1 x - y_1 x_0)$$

$$= y_0 + \frac{y_1-y_0}{x_1-x_0}(x-x_0) \tag{5.34}$$

结果发现，Newton 插值函数与 Lagrange 插值函数完全一致，只是表述形式不同而已。当然，它们的误差公式也是一样的。

下面是 Newton 插值程序代码。

```
! Newton 插值程序
subroutine Newton_interpolation(nx,x,gridx,gridy,newton)
  integer,intent(in):: nx
  real * 8,intent(in):: x,gridx(nx),gridy(nx)
  real * 8,intent(out):: newton
  real * 8 :: dquotient(nx),coeff
  integer i,j

  dquotient(1:nx)=gridy(1:nx)
  do j=2, nx
    do i=nx,j,-1
      dquotient(i)=(dquotient(i)-dquotient(i-1))/(gridx(i)-gridx(i-j+1))
    end do
  end do
  newton=gridy(1)
  do i=2,nx
    coeff=1.0
    do j=1,i-1
      coeff=coeff * (x-gridx(j))
    end do
    newton=newton+dquotient(i) * coeff
  end do
end subroutine
```

输入参数与 Lagrange 插值程序的一样，只是插值计算结果用变量 newton 来返回，主程序中再次加入以下调用语句。

```
! ==============开始插值
open(unit=10,file="interpolation. txt",action="write")
nsamples=100
do i=0,nsamples
  x=xlow+(xup-xlow)*real(i)/real(nsamples)
! 调用 Lagrange 插值程序
    call Lagrange_interpolation(nx,x,gridx,gridy,lagrange)
! 调用 Newton 插值程序
    call Newton_interpolation(nx,x,gridx,gridy,newton)
! 计算原函数
    call getfun(x,y,dy)
! 输出计算结果
    write(10,"(4f8. 3)") x,y,lagrange,newton
end do
close(10)
! ==============
```

作为测试,用 Newton 插值程序对同样的函数 $f(x)=4/(1+x^2)$ 做四点三次 Newton 插值,实线是原函数,虚线是插值函数,如图 5-2 所示,与理论计算相印证, Newton 插值结果与 Lagrange 插值结果完全一致。

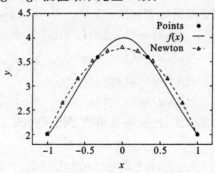

图 5-2 四点三次 Newton 插值示例

第3节 Hermite 插值

前面介绍了,无论是 Lagrange 插值还是 Newton 插值,其 $n+1$ 点插值多项式最多只有 n 次,这反映了插值曲线有限的光滑性。本节介绍一个能获得更高阶插值多项式的方法,即 Hermite 插值。它使用了两组基函数来组合出插值多项式,即

$$P(x) = \sum_{i=0}^{n} \alpha_i(x) y_i + \sum_{i=0}^{n} \beta_i(x) m_i \tag{5.35}$$

式中:加权系数 y_i 和 m_i 分别是原函数在插值点上的函数值和导数值。

Hermite 插值需要的信息更多,为了确保插值多项式的函数值和导数值在插值点上与原函数的一致,这两组基函数 α_i 和 β_i 必须具有如下性质

$$
\begin{array}{c|cccccccc}
 & \alpha_0 & \cdots & \alpha_n & \beta_0 & \cdots & \beta_n \\
\hline
x_0 & 1 & \cdots & 0 & 0 & \cdots & 0 \\
\vdots & \vdots & \ddots & \vdots & \vdots & \ddots & \vdots \\
x_n & 0 & \cdots & 1 & 0 & \cdots & 0 \\
x'_0 & 0 & \cdots & 0 & 1 & \cdots & 0 \\
\vdots & \vdots & \ddots & \vdots & \vdots & \ddots & \vdots \\
x'_n & 0 & \cdots & 0 & 0 & \cdots & 1
\end{array}
\tag{5.36}
$$

其中,x'_i 表示特定基函数在 x_i 处的一阶导数。

以两点 Hermite 插值为例($x_0=0$,$x_1=1$),其插值多项式为

$$
P(x)=\alpha_0(x)y_0+\alpha_1(x)y_1+\beta_0(x)m_0+\beta_1(x)m_1
\tag{5.37}
$$

所有基函数应当满足

$$
\begin{cases}
\alpha_0(x_0)=1 \\
\alpha_0(x_1)=0 \\
\alpha'_0(x_0)=0 \\
\alpha'_0(x_1)=0
\end{cases}
\begin{cases}
\alpha_1(x_0)=0 \\
\alpha_1(x_1)=1 \\
\alpha'_1(x_0)=0 \\
\alpha'_1(x_1)=0
\end{cases}
\begin{cases}
\beta_0(x_0)=0 \\
\beta_0(x_1)=0 \\
\beta'_0(x_0)=1 \\
\beta'_0(x_1)=0
\end{cases}
\begin{cases}
\beta_1(x_0)=0 \\
\beta_1(x_1)=0 \\
\beta'_1(x_0)=0 \\
\beta'_1(x_1)=1
\end{cases}
\tag{5.38}
$$

可以根据这些条件建立基函数表达式,即

$$
\begin{cases}
\alpha_0(x)=(1+2x)(x-1)^2 \\
\alpha_1(x)=(3-2x)x^2 \\
\beta_0(x)=x(x-1)^2 \\
\beta_1(x)=(x-1)x^2
\end{cases}
\tag{5.39}
$$

所有基函数都是 3 次多项式,把这些基函数回代入式(5.37),就可以得到完整的 Hermite 插值多项式,即

$$
P(x)=y_0+m_0x+(-3y_0+3y_1-2m_0-m_1)x^2+(2y_0-2y_1+m_0+m_1)x^3
\tag{5.40}
$$

插值函数同样是 3 次多项式,这样的插值方法称为两点三次 Hermite 插值。一般情况,$n+1$ 点 Hermite 插值多项式将会是最多 $2n+1$ 次多项式。

本章开始部分已介绍,求插值函数 $P(x)$ 有两个思路:第一个思路是先确定插值基函数 $\phi_i(x)$ 的形式,再计算加权系数 a_i;第二个思路是先确定加权系数 a_i,再来确定插值基函数 $\phi_i(x)$ 的形式。显然,上面的讨论,采用的是第二个思路。现在再回头来看第一个思路。定义四个基函数

$$
\phi_0(x)=1, \quad \phi_1(x)=x, \quad \phi_2(x)=x^2, \quad \phi_3(x)=x^3
\tag{5.41}
$$

代入最初的插值公式(5.1),则插值函数 $P(x)$ 为

$$P(x) = a_0 + a_1 x + a_2 x^2 + a_3 x^3 \tag{5.42}$$

然后，可以利用原函数 $f(x)$ 在两个插值点上的函数值 (y_0, y_1) 和导数值 (m_0, m_1) 来求出四个加权系数，即

$$\begin{cases} P(0) = a_0 = y_0 \\ P(1) = a_0 + a_1 + a_2 + a_3 = y_1 \\ P'(0) = a_1 = m_0 \\ P'(1) = a_1 + 2a_2 + 3a_3 = m_1 \end{cases} \tag{5.43}$$

改写成矩阵形式为

$$\begin{pmatrix} 1 & 0 & 0 & 0 \\ 1 & 1 & 1 & 1 \\ 0 & 1 & 0 & 0 \\ 0 & 1 & 2 & 3 \end{pmatrix} \begin{pmatrix} a_0 \\ a_1 \\ a_2 \\ a_3 \end{pmatrix} = \begin{pmatrix} y_0 \\ y_1 \\ m_0 \\ m_1 \end{pmatrix} \tag{5.44}$$

解得所有系数 a_i 为

$$\begin{cases} a_0 = y_0 \\ a_1 = m_0 \\ a_2 = -3y_0 + 3y_1 - 2m_0 - m_1 \\ a_3 = 2y_0 - 2y_1 + m_0 + m_1 \end{cases} \tag{5.45}$$

代入公式 (5.42)，最终也可以得到两点三次 Hermite 插值公式，即

$$P(x) = y_0 + m_0 x + (-3y_0 + 3y_1 - 2m_0 - m_1) x^2 + (2y_0 - 2y_1 + m_0 + m_1) x^3 \tag{5.46}$$

要注意的是，该插值多项式仅对特殊插值点 $(x_0 = 0, x_1 = 1)$ 有效，如果插值点 x_0, x_1 任意分布，则需要先做变量替换，即

$$t = \frac{x - x_0}{x_1 - x_0}, \quad \mathrm{d}t = \frac{1}{x_1 - x_0} \mathrm{d}x \tag{5.47}$$

新的变量有 $t(x_0) = 0, t(x_1) = 1$，与之前建立两点三次 Hermite 插值的插值点一致，这样，任意两点插值同样可以套用原来的 Hermite 插值公式，即

$$P(t) = \alpha_0(t) y_0 + \alpha_1(t) y_1 + \beta_0(t) m_0 + \beta_1(t) m_1 \tag{5.48}$$

或者不借助中间变量 t，直接使用插值公式 $(h = x_1 - x_0)$

$$P(x) = \frac{1}{h^3} [h + 2(x - x_0)](x - x_1)^2 y_0 + \frac{1}{h^3} [h - 2(x - x_1)](x - x_0)^2 y_1$$

$$+ \frac{1}{h^2} (x - x_0)(x - x_1)^2 m_0 + \frac{1}{h^2} (x - x_1)(x - x_0)^2 m_1 \tag{5.49}$$

现在为 Hermite 插值函数 $P(x)$ 计算误差

$$R(x) = f(x) - P(x) \tag{5.50}$$

由于插值函数在所有插值点 $x_0, x_1, \cdots, x_n$ 上的函数值与原函数求得的值相等，插值函数在所有插值点 $x_0, x_1, \cdots, x_n$ 上的导数与原函数求得的导数值也同样相等，因此误差函数在所有插值点上的函数值和导数值也理应为零。可以据此认为，误差函数

具有 $2n+2$ 次多项式的形式（c 为任意常数），即

$$R(x) = c(x-x_0)^2 \cdots (x-x_n)^2 \tag{5.51}$$

将式(5.50)和式(5.51)放在一起，有

$$c(x-x_0)^2 \cdots (x-x_n)^2 = f(x) - P(x) \tag{5.52}$$

令原函数 $f(x)$ 在任一插值点 x_i 邻域内做 $2n+1$ 阶泰勒展开

$$f(x) = f(x_i) + \cdots + \frac{(x-x_i)^{2n+1}}{(2n+1)!} f^{(2n+1)}(x_i) + \frac{(x-x_i)^{2n+2}}{(2n+2)!} f^{(2n+2)}(\xi) \tag{5.53}$$

这里的变量 ξ 是区间 $[x_i, x]$ 中的任意值，然后对上式左、右两边同时求 x 的 $2n+2$ 阶导数，即

$$c(2n+2)! = f^{(2n+2)}(\xi) \tag{5.54}$$

这样就可以得到误差函数中的常数 c 为

$$c = \frac{f^{(2n+2)}(\xi)}{(2n+2)!} \tag{5.55}$$

回代入式(5.51)，得到 Hermite 插值的误差公式为

$$R(x) = \frac{f^{(2n+2)}(\xi)}{(2n+2)!} (x-x_0)^2 \cdots (x-x_n)^2 \tag{5.56}$$

如果插值点数越多，则插值多项式越复杂。例如，$n+1$ 点 Hermite 插值需要配有 $2n+2$ 个基函数，它们全都是 $2n+1$ 次多项式，把它们全部按照式(5.39)推导出来会非常困难，而且当插值点数增加时，会出现 Runge 现象，即在边缘插值点附近，插值函数的误差会突然加大，这也就大大降低了插值计算的可靠性。因此，在实际应用中，将相邻插值点分组独立做插值，不失为是一个可行的方法。这一方法称为分段低阶插值。

下面是分段低阶 Hermite 插值程序代码。

```
! Hermite 插值程序
subroutine Hermite_interpolation(nx,x,gridx,gridy,griddy,hermite)
    integer,intent(in):: nx
    real * 8,intent(in):: x,gridx(nx),gridy(nx),griddy(nx)
    real * 8,intent(out):: hermite
    integer:: ibin
    real * 8:: h,alpha0,beta0,alpha1,beta1,dx0,dx1
! 计算区间大小
    h=(gridx(nx)-gridx(1))/dble(nx-1)
! 计算输入坐标所属区间
    ibin=int((x-gridx(1))/h)+1
    if (ibin > nx-1) ibin=nx-1
! 计算区间大小
    h=gridx(ibin+1)-gridx(ibin)
```

```
! 准备两个反复使用的变量
  dx0＝x－gridx(ibin); dx1＝x－gridx(ibin＋1)
! 计算 Hermite 插值需要的四个基函数
  alpha0＝(h＋2.0d0 * dx0) * (dx1 * * 2)/(h * * 3)
  alpha1＝(h－2.0d0 * dx1) * (dx0 * * 2)/(h * * 3)
  beta0＝dx0 * (dx1 * * 2)/(h * * 2)
  beta1＝dx1 * (dx0 * * 2)/(h * * 2)
! 计算 Hermite 插值的函数值
  hermite＝alpha0 * gridy(ibin)＋alpha1 * gridy(ibin＋1)＋beta0 * griddy(ibin)＋beta1 * grid-
  dy(ibin＋1)
end subroutine
```

参数 hermite 返回插值计算结果。在主程序中加入以下调用语句。

```
! ＝＝＝＝＝＝＝＝＝＝＝＝＝＝开始插值
  open(unit＝10,file＝"interpolation. txt",action＝"write")
  nsamples＝100
  do i＝0,nsamples
    x＝xlow＋(xup－xlow) * real(i)/real(nsamples)
! 调用 Lagrange 插值程序
    call Lagrange_interpolation(nx,x,gridx,gridy,lagrange)
! 调用 Newton 插值程序
    call Newton_interpolation(nx,x,gridx,gridy,newton)
! 调用 Hermite 插值程序
    call Hermite_interpolation(nx,x,gridx,gridy,griddy,hermite)
! 计算原函数
    call getfun(x,y,dy)
! 输出计算结果
    write(10,"(5f8. 3)") x,y,lagrange,newton,hermite
  end do
  close(10)
! ＝＝＝＝＝＝＝＝＝＝＝＝＝＝
```

　　用该程序再次对同样的函数 $f(x)＝4/(1＋x^2)$ 做分段低阶 Hermite 插值,实线是原函数,带空心方块的虚线是 Hermite 插值函数;作为比较,还给出了之前的 Lagrange插值结果,如图 5-3 所示。

　　比较结果显示,Hermite 插值在中间曲率较大的位置上有一定误差,不过整体上,其误差要远小于 Lagrange 插值,形状更为贴近原函数。因此,从插值准确性角度来看,Hermite 插值有着更好的表现。但是,如果同样采用分段低阶插值,以及用到同样多的插值点,Hermite 插值需要的基函数数目是 Lagrange 插值的一倍,同时,在

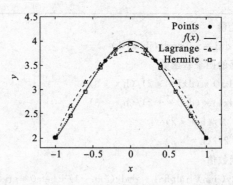

图5-3　分段低阶(两点三次)Hermite插值示例

插值点上不仅需要原函数值,而且还需要原函数导数值,这都会增加 Hermite 插值的计算量,也会减少 Hermite 插值的实用性。

第4节　样条曲线插值

上一小节讨论了 Hermite 插值的优点及局限性,这一小节介绍另外一个有效的插值算法——样条曲线插值。从本质上来说,它仍旧属于分段低阶插值,$n+1$ 点(x_0 到 x_n)的样条曲线插值函数 $P(x)$ 形式为

$$P_i(x) = a_i x^3 + b_i x^2 + c_i x + d_i, \quad x \in [x_i, x_{i+1}], \quad i = 0, 1, \cdots, n-1 \quad (5.57)$$

可以看到,该多项式与 Hermite 插值多项式同为 3 次多项式,所以它又称为立方样条曲线插值,而且该插值多项式也是分段插值的,共有 n 个区间,对应着 n 段(P_0 到 P_{n-1})样条曲线,不同区间插值函数的实际形式不一样,每个区间的曲线形状都由 4 个待定系数 a_i、b_i、c_i、d_i 给定。与上一小节分段低阶 Hermite 插值不同的是,这里的系数不是由各个区间独立给出,而是根据插值函数在插值点上的导数连续性条件,联立求解得到的。也正因为如此,该算法无需预先知道原函数在插值点上的导数值,对原函数的依赖性较原来的 Hermite 插值要小,有着更好的实用性。

式(5.57)给出了样条曲线的一般形式,要确定 n 个区间共 $4n$ 个待定系数,理论上,总共需要给出 $4n$ 个方程。这可以由 0 到 n 个插值点上的原函数值 $f(x_i)$(n 个区间,$2n$ 个条件),1 到 $n-1$ 个插值点上的一阶导数值连续($n-1$ 个条件),1 到 $n-1$ 个插值点上的二阶导数值连续($n-1$ 个条件),以及边界插值点(x_0 和 x_n)上的一阶导数为零(2 个条件)给出。即样条曲线需要满足如下的方程组

$$\begin{cases} P_i(x_i) = f(x_i), & i = 0, 1, \cdots, n-1 \\ P_i(x_{i+1}) = f(x_{i+1}), & i = 0, 1, \cdots, n-1 \\ P'_i(x_{i+1}) = P'_{i+1}(x_{i+1}), & i = 0, 1, \cdots, n-2 \\ P''_i(x_{i+1}) = P''_{i+1}(x_{i+1}), & i = 0, 1, \cdots, n-2 \\ P'_0(x_0) = P'_{n-1}(x_n) = 0 \end{cases} \quad (5.58)$$

这样总共列出了 $4n$ 个方程,它们可以用来解出式(5.57)中的全部 $4n$ 个系数,计算量偏大。我们可以利用以下两种方式来简化这一过程。

第一种建立样条曲线的方式,放弃式(5.57),直接利用上一小节的分段低阶 Hermite 插值公式来给出每段区间的样条曲线,即

$$P_i(x)=\alpha_{i,0}(x)y_i+\alpha_{i,1}(x)y_{i+1}+\beta_{i,0}(x)m_i+\beta_{i,1}(x)m_{i+1} \tag{5.59}$$

因为前、后区间共用插值点,所以前、后区间的插值函数自然连续,方程组(5.58)中的第一个、第二个方程已经自动满足,然后对上式求二阶导数并代入方程组(5.58)中的第 4 个方程,同类方程一共有 $n-1$ 个,将它们联立求解,得到中间插值点上的一阶导数值 m_1 到 m_{n-1}(边界插值点上的导数 $m_0=m_n=0$),那么方程组(5.58)中的第三个、第四个方程(一、二阶导数连续方程)也就成立了。因此,建立整个样条曲线插值函数仅需求解 $n-1$ 个方程。

具体步骤是这样的,把 Hermite 插值基函数(5.39)代入式(5.59),有

$$P_i(t)=(1+2t)(t-1)^2y_i+(3-2t)t^2y_{i+1}+t(t-1)^2m_i+(t-1)t^2m_{i+1} \tag{5.60}$$

自变量用 t,而不是 x,是因为上面用到的基函数仅对区间 $[0,1]$ 适用,所以实际插值的时候,都要把变量 t 换回 x,即

$$t=\frac{x-x_i}{x_{i+1}-x_i}=\frac{x-x_i}{h_i}, \quad \mathrm{d}t=\frac{1}{x_{i+1}-x_i}\mathrm{d}x=\frac{1}{h_i}\mathrm{d}x \tag{5.61}$$

这里的 h_i 是第 i 个区间的宽度,则各个区间内的样条曲线函数为

$$P_i(x)=\frac{1}{h_i^3}[h_i+2(x-x_i)](x-x_{i+1})^2y_i+\frac{1}{h_i^3}[h_i-2(x-x_{i+1})](x-x_i)^2y_{i+1}$$

$$+\frac{1}{h_i^2}(x-x_i)(x-x_{i+1})^2m_i+\frac{1}{h_i^2}(x-x_{i+1})(x-x_i)^2m_{i+1} \tag{5.62}$$

其二阶导数为

$$P''_i(x)=\frac{6}{h_i^3}[h_i+2(x-x_{i+1})]y_i+\frac{6}{h_i^3}[h_i-2(x-x_i)]y_{i+1}$$

$$+\frac{1}{h_i^2}[6(x-x_{i+1})+2h_i]m_i+\frac{1}{h_i^2}[6(x-x_i)-2h_i]m_{i+1} \tag{5.63}$$

在所有相邻区间之间,该二阶导数要保持连续

$$\frac{h_i}{h_i+h_{i-1}}m_{i-1}+2m_i+\frac{h_{i-1}}{h_i+h_{i-1}}m_{i+1}=3\left(\frac{h_i}{h_i+h_{i-1}}\frac{y_i-y_{i-1}}{h_{i-1}}+\frac{h_{i-1}}{h_i+h_{i-1}}\frac{y_{i+1}-y_i}{h_i}\right)$$

$$\tag{5.64}$$

也可以定义以下三个常数以简化方程,即

$$s_im_{i-1}+2m_i+u_im_{i+1}=b_i, \quad i=1,2,\cdots,n$$

$$s_i=\frac{h_i}{h_i+h_{i-1}}, \ u_i=\frac{h_{i-1}}{h_i+h_{i-1}}, \ b_i=3\left(\frac{h_i}{h_i+h_{i-1}}\frac{y_i-y_{i-1}}{h_{i-1}}+\frac{h_{i-1}}{h_i+h_{i-1}}\frac{y_{i+1}-y_i}{h_i}\right) \tag{5.65}$$

该方程称为三转角方程组,这样的方程共有 $n-1$ 个,联立起来

$$\begin{pmatrix} 2 & u_1 & & & & 0 \\ s_2 & 2 & u_2 & & & \\ & \ddots & \ddots & \ddots & & \\ & & s_{n-2} & 2 & u_{n-2} \\ 0 & & & s_{n-1} & 2 \end{pmatrix} \begin{pmatrix} m_1 \\ m_2 \\ \vdots \\ m_{n-2} \\ m_{n-1} \end{pmatrix} = \begin{pmatrix} b_1 \\ b_2 \\ \vdots \\ b_{n-2} \\ b_{n-1} \end{pmatrix} \tag{5.66}$$

这是一个简单的三对角形式的方程组，可以用第三章介绍过的追赶法来求得解向量。注意边界条件 $m_0 = m_n = 0$，当解出所有插值点上的导数值 m_1 到 m_{n-1} 以后，根据式 (5.62)，各个区间内的样条曲线插值函数就可完全确定。

第二种建立样条曲线的方式，与之前的思路是类似的，每段区间的样条曲线仍旧需要四个基函数组合而成，即

$$P_i(x) = \alpha_{i,0}(x) y_i + \alpha_{i,1}(x) y_{i+1} + \beta_{i,0}(x) M_i + \beta_{i,1}(x) M_{i+1} \tag{5.67}$$

而加权系数稍有不同，y_i 和 y_{i+1} 仍旧是原函数在插值格点上的函数值，但 M_i 和 M_{i+1} 则是样条曲线在格点上的二阶导数值（待求）。要确保该样条曲线在插值点上的函数值和二阶导数值都与原函数相等，那么所有基函数必须满足方程组

$$\begin{cases} \alpha_0(x_0) = 1 \\ \alpha_0(x_1) = 0 \\ \alpha_0''(x_0) = 0 \\ \alpha_0''(x_1) = 0, \end{cases} \begin{cases} \alpha_1(x_0) = 0 \\ \alpha_1(x_1) = 1 \\ \alpha_1''(x_0) = 0 \\ \alpha_1''(x_1) = 0, \end{cases} \begin{cases} \beta_0(x_0) = 0 \\ \beta_0(x_1) = 0 \\ \beta_0''(x_0) = 1 \\ \beta_0''(x_1) = 0, \end{cases} \begin{cases} \beta_1(x_0) = 0 \\ \beta_1(x_1) = 0 \\ \beta_1''(x_0) = 0 \\ \beta_1''(x_1) = 1 \end{cases} \tag{5.68}$$

根据这些定义式可以求出与公式 (5.39) 类似的基函数形式（最高三次多项式），回代入式 (5.67)，然后计算每个区间内样条曲线 $P(x)$ 的一阶导数值，并令所有相邻区间的一阶导数值连续，可以得到一个三弯矩方程

$$s_i M_{i-1} + 2 M_i + u_i M_{i+1} = b_i, \quad i = 1, 2, \cdots, n$$

$$s_i = \frac{h_{i-1}}{h_i + h_{i-1}}, \ u_i = \frac{h_i}{h_i + h_{i-1}}, \ b_i = \frac{6}{h_i + h_{i-1}} \left(\frac{y_{i+1} - y_i}{h_i} - \frac{y_i - y_{i-1}}{h_{i-1}} \right) \tag{5.69}$$

将所有方程联立成一个三对角方程组

$$\begin{pmatrix} 2 & u_1 & & & & 0 \\ s_2 & 2 & u_2 & & & \\ & \ddots & \ddots & \ddots & & \\ & & s_{n-2} & 2 & u_{n-2} \\ 0 & & & s_{n-1} & 2 \end{pmatrix} \begin{pmatrix} M_1 \\ M_2 \\ \vdots \\ M_{n-2} \\ M_{n-1} \end{pmatrix} = \begin{pmatrix} b_1 \\ b_2 \\ \vdots \\ b_{n-2} \\ b_{n-1} \end{pmatrix} \tag{5.70}$$

解出所有格点上的二阶导数值 M_i 以后（注意边界插值点上的二阶导数 M_0 和 M_n 设置为零），回代入式 (5.67)，就可以有完整的样条曲线了。

这里仅编程实现第一种方式，程序代码如下。

```
! 样条曲线插值程序
subroutine CubicSpline_interpolation(nx, x, gridx, gridy, griddy, spline)
   implicit none
```

```fortran
  integer,intent(in)：: nx
  real * 8,intent(in)：: x,gridx(nx),gridy(nx),griddy(nx)
  real * 8,intent(out)：: spline
  integer：: ibin
  real * 8：: h,alpha0,beta0,alpha1,beta1,dx0,dx1
! 计算区间大小
  h=(gridx(nx)-gridx(1))/dble(nx-1)
! 计算输入坐标所属区间
  ibin=int((x-gridx(1))/h)+1
  if (ibin > nx-1) ibin=nx-1
! 准备两个反复使用的变量
  dx0=x-gridx(ibin); dx1=x-gridx(ibin+1)
! 计算 Hermite 插值需要的四个基函数
  alpha0=(h+2.0d0 * dx0) * (dx1 * * 2)/(h * * 3)
  alpha1=(h-2.0d0 * dx1) * (dx0 * * 2)/(h * * 3)
  beta0=dx0 * (dx1 * * 2)/(h * * 2)
  beta1=dx1 * (dx0 * * 2)/(h * * 2)
! 计算样条曲线插值的函数值
  spline=alpha0 * gridy(ibin)+alpha1 * gridy(ibin+1)+beta0 * griddy(ibin)+beta1 * griddy(ibin+1)
end subroutine


! 计算样条曲线在插值点上的一阶导数值
subroutine CubicSpline_prepare(nx,gridx,gridy,griddy)
  use Comphy_Linearsolver
  implicit none
  integer,intent(in) ：: nx
  real * 8,dimension(1:nx),intent(in) ：: gridx,gridy
  real * 8,dimension(1:nx),intent(out) ：: griddy
  integer：: i,j
  real * 8：: hleft,hright
  real * 8,dimension(nx-2) ：: rhsvec,diagvec,updiagvec,subdiagvec,solution
! 准备建立三对角线性方程组
  diagvec(:)=0.0d0; updiagvec(:)=0.0d0; subdiagvec(:)=0.0d0
  rhsvec(:)=0.0d0; solution(:)=0.0d0
  do i=2,nx-1
     hleft=gridx(i)-gridx(i-1); hright=gridx(i+1)-gridx(i)
     subdiagvec(i-1)=hright/(hleft+hright); updiagvec(i-1)=hleft/(hright+hleft)
     rhsvec(i-1)=3.0d0 * ((subdiagvec(i-1) * (gridy(i)-gridy(i-1))/hleft)+&
                         (updiagvec(i-1) * (gridy(i+1)-gridy(i))/hright))
```

```
        diagvec(i-1)=2.0d0
    end do
! 调用追赶法子程序解三对角线性方程组(n-2 维)
    call LUDecomposition_Triplediag(nx-2,diagvec,updiagvec,subdiagvec,rhsvec,solution)
! 将三对角方程组的解向量赋值给插值点
    griddy(:)=0.0d0
    do i=2,nx-1
        griddy(i)=solution(i-1)
    end do
end subroutine
```

代码中包含有两个子程序：CubicSpline_prepare 用来建立三对角方程组，并计算出插值点上的导数值；CubicSpline_interpolation 则根据式(5.62)做插值计算(插值结果用参数 spline 返回)。最后,在主程序中调用样条曲线计算模块。

```
! =============开始插值
    open(unit=10,file="interpolation. txt",action="write")
    nsamples=100
    do i=0,nsamples
        x=xlow+(xup-xlow) * real(i)/real(nsamples)
! 调用 Lagrange 插值程序
        call Lagrange_interpolation(nx,x,gridx,gridy,lagrange)
! 调用 Newton 插值程序
        call Newton_interpolation(nx,x,gridx,gridy,newton)
! 调用 Hermite 插值程序
        call Hermite_interpolation(nx,x,gridx,gridy,griddy,hermite)
! 调用样条曲线插值程序
        if (i==0) call Cubicspline_prepare(nx,gridx,gridy,griddy2)
        call CubicSpline_interpolation(nx,x,gridx,gridy,griddy2,spline)
! 计算原函数
        call getfun(x,y,dy)
! 输出计算结果
        write(10,"(6f8.3)") x,y,lagrange,newton,hermite,spline
    end do
    close(10)
! =============
```

现在来对同样的函数 $f(x)=4/(1+x^2)$ 做样条曲线插值,实线是原函数,带空心圆圈的虚线是插值曲线,之前的 Lagrange 插值(空心三角)和分段低阶 Hermite 插值(空心方块)也一同显示,如图 5-4 所示。

图 5-5 所示的是各个插值函数与原函数之间的误差。

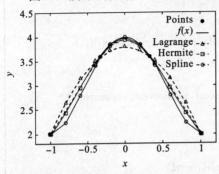

图 5-4　立方样条曲线插值示例　　　　**图 5-5　立方样条曲线插值示例**

可以看出，同样是四点插值，样条曲线插值比 Lagrange 插值要好，但比 Hermite 插值要差，表现介于两者之间。但是，样条曲线插值无需预先知道原函数在插值点上的导数值，这一特点与 Lagrange 插值类似，都要比 Hermite 插值更容易使用。

第 5 节　二 维 插 值

前面各小节介绍的都是一维插值方法，这一小节介绍二维插值，也就是原函数 $f(x,y)$ 有着两个自变量，插值点分布在一个二维平面内。为方便后续测试，先对原来一维插值的主程序代码稍作修改。

```fortran
! 二维插值主程序
program main
  use Comphy_InterpolationAndFitting
  implicit none
  integer :: i,j,k,nx,ny,nxsamples,nysamples
  real * 8 :: x,y,fxy,dfx,dfy,dfxy,xlow,xup,ylow,yup,bilinear,bicubic,bispline
  real * 8 :: bilinearerror,bicubicerror,bisplineerror
  real * 8,dimension(:),allocatable :: gridx,gridy
  real * 8,allocatable :: gridfxy(:,:),griddfx(:,:),griddfy(:,:),griddfxy(:,:)
  real * 8,allocatable :: griddfy2(:,:,:) ! 用来存储样条曲线插值用到的导数值
  real * 8,allocatable :: fxyvec(:),xvec(:)
  real * 8,allocatable :: bilinearvec(:),bicubicvec(:),bisplinevec(:)
  external :: getfun_2d

! 设置插值区间和插值点数目
  nx=4; xlow=-1.0d0; xup=1.0d0
  ny=4; ylow=-1.0d0; yup=1.0d0
```

```fortran
    nxsamples=10; nysamples=10
! 收集插值用到的数组
    allocate(gridx(nx),gridy(ny),gridfxy(nx,ny),griddfx(nx,ny),griddfy(nx,ny))
    allocate(griddfy2(nx,ny),griddfxy(nx,ny))
    allocate(fxyvec(0:nysamples),xvec(0:nxsamples))
    allocate(bilinearvec(0:nysamples),bicubicvec(0:nysamples),bisplinevec(0:nysamples))
! 计算原函数在插值点上的函数值和导数值
    do i=1,nx
      do j=1,ny
        gridx(i)=xlow+dble(i-1)*(xup-xlow)/dble(nx-1)
        gridy(j)=ylow+dble(j-1)*(yup-ylow)/dble(ny-1);
        call getfun_2d(gridx(i),gridy(j),gridfxy(i,j),griddfx(i,j),griddfy(i,j),griddfxy(i,j))
      end do
    end do


! 输出插值点信息
    open(unit=10,file="gridpoints_2d.txt",action="write")
    do i=1,nx
      do j=1,ny
        write(10,"(3f8.3)") gridx(i),gridy(j),gridfxy(i,j)
      end do
    end do   close(10)


! 准备数据文件,文件 fxy_2d.txt 存储原函数值
    open(unit=10,file="fxy_2d.txt",action="write")
    open(unit=20,file="bilinear.txt",action="write")
    open(unit=30,file="bicubic.txt",action="write")
    open(unit=40,file="bispline.txt",action="write")
    do i=0,nxsamples
      xvec(i)=xlow+(xup - xlow)*real(i)/real(nxsamples)
    end do
    write(10,"(100f8.3)") 0.0d0,xvec(0:nxsamples)
    write(20,"(100f8.3)") 0.0d0,xvec(0:nxsamples)
    write(30,"(100f8.3)") 0.0d0,xvec(0:nxsamples)
    write(40,"(100f8.3)") 0.0d0,xvec(0:nxsamples)
    bilinearerror=0.0d0; bicubicerror=0.0d0; bisplineerror=0.0d0
! ==============开始二维插值
! ===========
```

```
！打印误差
  print "(a,f8.3)","Final error for bilinear interpolation：",bilinearerror
  print "(a,f8.3)","Final error for bicubic interpolation：",bicubicerror
  print "(a,f8.3)","Final error for bispline interpolation：",bisplineerror
end program

！用于插值的原函数
subroutine getfun_2d(x,y,fxy,dfx,dfy,dfxy)
  implicit none
  real*8：：x,y,fxy,dfx,dfy,dfxy
  fxy=exp(-x**2-y**2)
  dfx=-2.0d0*x*fxy；dfy=-2.0d0*y*fxy
  dfxy=4.0d0*x*y*fxy
end subroutine
```

这里的二维插值主程序做了准备工作。首先设置格点大小（这里是 4×4 共 16 个格点，均匀分布在以$[-1,-1]$和$[1,1]$为顶点的矩形区域内），然后收集数组所需要的内存，调用子程序 getfun_2d 计算格点上的函数值和导数值（原函数为 $\exp(-x^2-y^2)$），并以矩阵形式写入文件 gridpoints_2d.txt 中，最后准备用来存储插值数据的文件，包括 fxy_2d.txt（原函数值）、bilinear.txt（双线性插值）、bicubic.txt（双立方插值）和 bispline.txt（双样条曲线插值）等文件。

准备工作完成以后，下面具体介绍二维插值算法。与一维情形类似，二维插值同样需要用一组基函数来建立插值函数，但这里的插值区域是个二维矩形区域，由采样点(x,y)周围相邻的四个插值格点来确定，即

$$P(x,y)=\sum_{i,j=0}^{n}a_{ij}x^iy^j \tag{5.71}$$

这里 n 代表了基函数最高的阶数，同时也决定了基函数的个数（$(n+1)\times(n+1)$个）。如 $n=1$，表示有 4 个基函数，即

$$P(x,y)=a_{00}+a_{10}x+a_{01}y+a_{11}xy \tag{5.72}$$

这样的插值称为双线性插值。要得到插值函数中 4 个系数（$a_{00},a_{10},a_{01},a_{11}$），总共需要 4 个方程，这可以由原函数在插值区域周边 4 个插值点上的原函数值给出。现在假定插值区间是 $x\in[0,1]$，$y\in[0,1]$，且插值点$[0,0]$，$[1,0]$，$[0,1]$，$[1,1]$上的原函数值已知，则有方程组

$$\begin{cases} P(0,0)=f(0,0)=a_{00} \\ P(1,0)=f(1,0)=a_{00}+a_{10} \\ P(0,1)=f(0,1)=a_{00}+a_{01} \\ P(1,1)=f(1,1)=a_{00}+a_{10}+a_{01}+a_{11} \end{cases} \tag{5.73}$$

解该方程组得到所有系数 a_{ij} 为

$$\begin{cases} a_{00} = f(0,0) \\ a_{10} = f(1,0) - f(0,0) \\ a_{01} = f(0,1) - f(0,0) \\ a_{11} = f(0,0) + f(1,1) - f(0,1) - f(1,0) \end{cases} \tag{5.74}$$

回代入插值公式(5.72)中,则插值函数可以完全确定。当然,如果插值区间不是 0 到 1,而是任意的,则需要先做变量替换,调整到[0,1]后再做插值

$$u = \frac{x - x_i}{x_{i+1} - x_i}, \qquad v = \frac{y - y_i}{y_{i+1} - y_i} \tag{5.75}$$

双线性插值程序代码如下。

```
! 二维双线性插值
subroutine Bilinear_Interpolation(nx,ny,x,y,gridx,gridy,gridfxy,bilinear)
  implicit none
  integer,intent(in) :: nx,ny
  real*8,intent(in) :: x,y,gridx(nx),gridy(ny),gridfxy(nx,ny)
  real*8,intent(out) :: bilinear
  integer:: ix,iy
  real*8:: h,a00,a10,a01,a11,tx,ty
! 计算输入坐标所属插值区间
  h=(gridx(nx)-gridx(1))/dble(nx-1)
  ix=int((x-gridx(1))/h)+1; if (ix > nx-1) ix=nx-1
  tx=(x-gridx(ix))/h
  h=(gridy(ny)-gridy(1))/dble(ny-1)
  iy=int((y-gridy(1))/h)+1; if (iy > ny-1) iy=ny-1
  ty=(y-gridy(iy))/h
! 计算与基函数相应的系数
  a00=gridfxy(ix,iy)
  a10=gridfxy(ix+1,iy)-gridfxy(ix,iy)
  a01=gridfxy(ix,iy+1)-gridfxy(ix,iy)
  a11=gridfxy(ix,iy)+gridfxy(ix+1,iy+1)-gridfxy(ix+1,iy)-gridfxy(ix,iy+1)
! 计算双线性插值函数
  bilinear=a00+a10*tx+a01*ty+a11*tx*ty
end subroutine
```

程序共有 8 个参数,前 7 个是输入参数,分别是 x、y 方向上的插值格点数目(nx,ny),当前需要做插值的位置(x,y),所有插值格点坐标(gridx,gridy)和格点上的原函数值(gridfxy),最后一个参数 bilinear 则返回插值计算结果。该程序首先根据输入位置确定给定采样点(x,y)所在的插值区间,然后基于式(5.74),由插值区间

周围 4 个格点上的原函数值算出加权系数,最后代入式(5.72)求得插值函数。为测试该算法,在主程序中加入以下调用语句。

```
! ==============开始二维插值
  do j=0,nysamples
    do i=0,nxsamples
! 计算采样点上的坐标
      x=xlow+(xup-xlow)*real(i)/real(nxsamples)
      y=ylow+(yup-ylow)*real(j)/real(nysamples)
! 调用双线性插值程序
      call Bilinear_Interpolation(nx,ny,x,y,gridx,gridy,gridfxy,bilinear)
! 计算原函数值
      call getfun_2d(x,y,fxy,dfx,dfy,dfxy)
      fxyvec(i)=fxy; bilinearvec(i)=bilinear
      bilinearerror=bilinearerror+(bilinear-fxy)**2
    end do
! 输出计算结果
    write(10,"(100f8.3)") y,fxyvec(0:nxsamples)
    write(20,"(100f8.3)") y,bilinearvec(0:nxsamples)
  end do
  close(10); close(20)
! 打印误差
  i=(nxsamples+1)*(nysamples+1)
  bilinearerror=sqrt(bilinearerror/dble(i))
  print "(a,f8.3)","RMS error for bilinear interpolation:",bilinearerror
```

因为是二维插值,所以代码里面做了两重循环,遍历所有的采样点,然后将采样点信息传递给双线性插值子程序 Bilinear_Interpolation,计算出插值函数值以后,写入数据文件 bilinear.txt,当然,相应的原函数值也要写入 fxy_2d.txt 文件,以便评估插值误差。误差公式即为所有采样点上的插值与原函数值之间的均方差,即

$$\sigma(x,y) = \sqrt{\frac{1}{n^2}\sum_{i=1}^{n}\sum_{j=1}^{n}(P(x,y)-f(x,y))^2} \tag{5.76}$$

到这里,我们就可以执行程序,在限定区域(以[-1,-1]和[1,1]为顶点的矩形)内对函数 $\exp(-x^2-y^2)$ 进行双线性插值了。根据计算得到的数据文件绘图,如图 5-6 所示。

图 5-6 中,实线描绘的曲面代表原函数,虚线曲面代表双线性插值函数,圆点表示插值点($4\times4=16$ 个)。可以看到,插值曲面与原曲面非常吻合,误差 σ 为 0.055。

除了双线性插值,二维插值中还有一种更为精确的双立方插值。这种插值方法用到的阶数 $n=3$,即

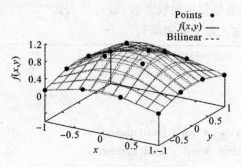

图 5-6　双线性插值示例

$$P(x,y) = \sum_{i,j=0}^{3} a_{ij} x^i y^j \tag{5.77}$$

也就是说,它由 16 个基函数组合而成。显然,总共需要 16 个方程来确定 16 个相应的加权系数 a_{ij},这些方程同样可以根据原函数在插值矩形区域周边 4 个插值点上的信息来建立。它们包括 4 个原函数值、4 个 x 方向上的一阶偏导数值、4 个 y 方向上的一阶偏导数值和 4 个 x 方向和 y 方向上的混合偏导数值。现在假定插值区间是 $x\in[0,1]$,$y\in[0,1]$,且插值点 $[0,0]$,$[1,0]$,$[0,1]$,$[1,1]$ 上的原函数 $f(x,y)$ 值和各偏导数值已知,则有方程组

$$
\begin{pmatrix}
1&0&0&0&0&0&0&0&0&0&0&0&0&0&0&0\\
1&1&1&1&0&0&0&0&0&0&0&0&0&0&0&0\\
1&0&0&0&1&0&0&0&1&0&0&0&1&0&0&0\\
1&1&1&1&1&1&1&1&1&1&1&1&1&1&1&1\\
0&1&0&0&0&0&0&0&0&0&0&0&0&0&0&0\\
0&1&2&3&0&0&0&0&0&0&0&0&0&0&0&0\\
0&1&0&0&0&1&0&0&0&1&0&0&0&1&0&0\\
0&1&2&3&0&1&2&3&0&1&2&3&0&1&2&3\\
0&0&0&0&1&0&0&0&0&0&0&0&0&0&0&0\\
0&0&0&0&1&1&1&1&0&0&0&0&0&0&0&0\\
0&0&0&0&1&0&0&0&2&0&0&0&3&0&0&0\\
0&0&0&0&1&1&1&1&2&2&2&2&3&3&3&3\\
0&0&0&0&0&1&0&0&0&0&0&0&0&0&0&0\\
0&0&0&0&0&1&2&3&0&0&0&0&0&0&0&0\\
0&0&0&0&0&1&0&0&0&2&0&0&0&3&0&0\\
0&0&0&0&0&1&2&3&0&2&4&6&0&3&6&9
\end{pmatrix}
\begin{pmatrix}
a_{00}\\a_{10}\\a_{20}\\a_{30}\\a_{01}\\a_{11}\\a_{21}\\a_{31}\\a_{02}\\a_{12}\\a_{22}\\a_{32}\\a_{03}\\a_{13}\\a_{23}\\a_{33}
\end{pmatrix}
=
\begin{pmatrix}
f(0,0)\\f(1,0)\\f(0,1)\\f(1,1)\\f_x(0,0)\\f_x(1,0)\\f_x(0,1)\\f_x(1,1)\\f_y(0,0)\\f_y(1,0)\\f_y(0,1)\\f_y(1,1)\\f_{xy}(0,0)\\f_{xy}(1,0)\\f_{xy}(0,1)\\f_{xy}(1,1)
\end{pmatrix}
\tag{5.78}
$$

利用第三章的子程序 inverseMatrix,求式(5.78)左边系数矩阵的逆,就可以得到所有加权系数 a_{ij} 了,然后回代入插值公式(5.77)中,则插值函数可以完全确定。

当然,与双线性插值一样,如果插值区间不是 0 到 1,则需要先做变量替换,将自变量调整到区间 $[0,1]$ 内,然后再做插值

$$u = \frac{x - x_i}{x_{i+1} - x_i}, \quad v = \frac{y - y_i}{y_{i+1} - y_i} \tag{5.79}$$

下面来看具体实施过程。首先,要准备式 (5.78) 中的系数矩阵,因为是常数矩阵,原本可以在程序中直接赋值,但它有 16×16 共 256 个矩阵元,在编写赋值语句的时候很容易出错,因此,这里让程序自动计算矩阵元。注意,每一个矩阵元代表插值函数(式 (5.77))中的一个基函数项或相应的偏导数项。

$$A(x,y,m,n,i,j) = \frac{\partial^{m+n} \left(\sum\limits_{i,j=0}^{3} x^i y^j \right)}{\partial x^m \partial y^n} \tag{5.80}$$

式中:m 表示 x 方向上偏导数的阶数($m=0$ 不求导,$m=1$ 一阶偏导);n 表示 y 方向上偏导数的阶数。

可见,为计算每一个基函数或其偏导数,一共需要 6 个输入参数 (x,y,m,n,i,j)。计算程序代码如下。

```
! 计算双立方插值基函数
subroutine bicubic_basefunc(x,y,m,n,i,j,basefunction)
  implicit none
  real * 8,intent(in):: x,y
  integer,intent(in):: m,n,i,j
  real * 8,intent(out):: basefunction
  basefunction=0.0d0
  if ((m==0) .and. (n==0)) then
    basefunction=(x * * i) * (y * * j)
  else if ((m==1) .and. (n==0)) then
    if (i==0) return
    basefunction=dble(i) * (x * * (i-1)) * (y * * j)
  else if ((m==0) .and. (n==1)) then
    if (j==0) return
    basefunction=dble(j) * (x * * i) * (y * * (j-1))
  else if ((m==1) .and. (n==1)) then
    if ((i==0) .or. (j==0)) return
    basefunction=dble(i * j) * (x * * (i-1)) * (y * * (j-1))
  end if
end subroutine
```

然后遍历所有的插值格点和相应的偏导数,反复调用上面的程序,自动为式 (5.78) 中所有的矩阵元赋值,并求逆。注意变量 m,n,i,j 与矩阵元行列的关系。

```fortran
! 计算双立方插值方程组系数矩阵
subroutine getBicubicMatrix(cubicmat)
  use Comphy_Linearsolver
  implicit none
  real * 8,intent(out):: cubicmat(16,16)
  integer:: i,j,m,n
  real * 8:: x,y,basefunc
  cubicmat(:,:)＝0.0d0
! 循环所有的偏导数
  do n＝0,1
    do m＝0,1
! 循环所有的插值基函数
      do j＝0,3
        do i＝0,3
! 计算插值格点(x0,y0)上的基函数值或其偏导数值
          call bicubic_basefunc(0.0d0,0.0d0,m,n,i,j,basefunc)
          cubicmat((n * 2＋m) * 4＋1,j * 4＋i＋1)＝basefunc
! 计算插值格点(x1,y0)上的基函数值或其偏导数值
          call bicubic_basefunc(1.0d0,0.0d0,m,n,i,j,basefunc)
          cubicmat((n * 2＋m) * 4＋2,j * 4＋i＋1)＝basefunc
! 计算插值格点(x0,y1)上的基函数值或其偏导数值
          call bicubic_basefunc(0.0d0,1.0d0,m,n,i,j,basefunc)
          cubicmat((n * 2＋m) * 4＋3,j * 4＋i＋1)＝basefunc
! 计算插值格点(x1,y1)上的基函数值或其偏导数值
          call bicubic_basefunc(1.0d0,1.0d0,m,n,i,j,basefunc)
          cubicmat((n * 2＋m) * 4＋4,j * 4＋i＋1)＝basefunc
        end do
      end do
    end do
  end do
! 对矩阵求逆
  call inverseMatrix(16,cubicmat)
end subroutine
```

得到了双立方插值方程组(5.78)中系数矩阵的逆和插值点上的原函数值或导数值以后,就可以解出插值函数(5.77)中所有的加权系数 a_{ij} 了,到此,二维双立方插值工作完成。实现程序代码如下。

```fortran
! 二维双立方插值
subroutine Bicubic_Interpolation(nx,ny,x,y,gridx,gridy,gridfxy,griddfx,griddfy,griddfxy,bicubic)
```

```fortran
      implicit none
      integer,intent(in) :: nx,ny
      real*8,intent(in) :: x,y,gridx(nx),gridy(ny),gridfxy(nx,ny)
      real*8,intent(in) :: griddfx(nx,ny),griddfy(nx,ny),griddfxy(nx,ny)
      real*8,intent(out) :: bicubic
      integer:: ix,iy,i,j,k
      real*8:: h,a(0:3,0:3),cubicmatrix(16,16),tpvec(16),tx,ty

! 计算输入坐标所属插值区间
      h=(gridx(nx)-gridx(1))/dble(nx-1)
      ix=int((x-gridx(1))/h)+1; if (ix > nx-1) ix=nx-1
      tx=(x-gridx(ix))/h
      h=(gridy(ny)-gridy(1))/dble(ny-1)
      iy=int((y-gridy(1))/h)+1; if (iy > ny-1) iy=ny-1
      ty=(y-gridy(iy))/h
! 整合插值点上的函数值和导数值
tpvec(1:16)=(/gridfxy(ix,iy),gridfxy(ix+1,iy),gridfxy(ix,iy+1),gridfxy(ix+1,iy+1),  &
          griddfx(ix,iy),griddfx(ix+1,iy),griddfx(ix,iy+1),griddfx(ix+1,iy+1),  &
          griddfy(ix,iy),griddfy(ix+1,iy),griddfy(ix,iy+1),griddfy(ix+1,iy+1),  &
          griddfxy(ix,iy),griddfxy(ix+1,iy),griddfxy(ix,iy+1),griddfxy(ix+1,iy+1) /)

! 准备双立方插值矩阵
      call getBicubicMatrix(cubicmatrix)

! 计算与基函数相应的系数
      k=0
      do j=0,3
        do i=0,3
          k=k+1
          a(i,j)=dot_product(cubicmatrix(k,1:16),tpvec(1:16))
        end do
      end do
! 计算双立方插值函数
      bicubic=0
      do j=0,3
        do i=0,3
          bicubic=bicubic+a(i,j)*(tx**i)*(ty**j)
        end do
      end do
end subroutine
```

　　与双线性插值相比,上面的双立方插值程序多了三个输入参数,它们分别是插值格点 x 方向上的偏导数值(griddfx)、y 方向上的偏导数值(griddfy)和混合偏导数值(griddfxy)。最后,在主程序中调用上述程序。

```
! ==============开始二维插值
 do j=0,nysamples
   do i=0,nxsamples
! 计算采样点上的坐标
     x=xlow+(xup-xlow) * real(i)/real(nxsamples)
     y=ylow+(yup-ylow) * real(j)/real(nysamples)
! 调用双线性插值程序
     call Bilinear_Interpolation(nx,ny,x,y,gridx,gridy,gridfxy,bilinear)
! 调用双立方插值程序
     call Bicubic_Interpolation(nx,ny,x,y,gridx,gridy,gridfxy,griddfx,griddfy,griddfxy,bicubic)
! 计算原函数值
     call getfun_2d(x,y,fxy,dfx,dfy,dfxy)
     fxyvec(i)=fxy; bilinearvec(i)=bilinear
     bicubicvec(i)=bicubic
     bilinearerror=bilinearerror+(bilinear-fxy) * * 2
     bicubicerror=bicubicerror+(bicubic-fxy) * * 2
   end do
! 输出计算结果
   write(10,"(100f8.3)") y,fxyvec(0:nxsamples)
   write(20,"(100f8.3)") y,bilinearvec(0:nxsamples)
   write(30,"(100f8.3)") y,bicubicvec(0:nxsamples)
 end do
 close(10); close(20); close(30)
! 打印误差
 i=(nxsamples+1) * (nysamples+1)
 bilinearerror=sqrt(bilinearerror/dble(i))
 bicubicerror=sqrt(bicubicerror/dble(i))
 print "(a,f8.3)","RMS error for bilinear interpolation：",bilinearerror
 print "(a,f8.3)","RMS error for bicubic interpolation：",bicubicerror
```

　　作为测试,对同样的函数 $\exp(-x^2-y^2)$ 进行双立方插值。根据计算得到的数据文件绘图,如图 5-7 所示。

　　图 5-7 中,实线描绘的曲面代表原函数,虚线曲面代表双立方插值函数,圆点表示插值点。与双线性插值结果相比,双立方插值曲面与原曲面更加吻合,误差 σ 为

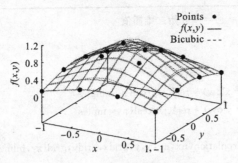

图 5-7 双立方插值示例

0.027,约为双线性插值的一半。

双立方插值虽然准确,但毕竟依赖于格点上原函数的偏导数值,如果实际问题中该信息未知,则需要自行计算,这就可以用到上一小节中介绍的样条曲线插值了,这里称为二维样条曲线插值。计算思路很简单,先在所有格点的 y 方向上进行一维样条曲线插值,得到每一列格点在 y 位置处的函数值,然后将这些函数值收集起来,再次在 x 方向上做一维样条曲线插值,得到位置 (x,y) 处的插值函数值。程序代码如下。

```fortran
! 二维样条曲线插值
subroutine BicubicSpline_interpolation(nx,ny,x,y,gridx,gridy,gridfxy,griddfy2,bispline)
    implicit none
    integer,intent(in) :: nx,ny
    real*8,intent(in) :: x,y,gridx(nx),gridy(ny),gridfxy(nx,ny),griddfy2(nx,ny)
    real*8,intent(out):: bispline
    integer:: ix,iy
    real*8:: tpvec(nx),tpdev(nx)
! 在所有格点的 y 方向上进行一维样条曲线插值
    do ix=1,nx
        call CubicSpline_interpolation(ny,y,gridy(1:ny), &
            gridfxy(ix,1:ny),griddfy2(ix,1:ny),tpvec(ix))
    end do
! 在所有格点的位置 y 上,计算 x 方向上的偏导数
    call Cubicspline_prepare(nx,gridx(1:nx),tpvec(1:nx),tpdev(1:nx))
! 在位置(x,y)上,进行 x 方向上的一维样条曲线插值
    call CubicSpline_interpolation(nx,x,gridx(1:nx), &
        tpvec(1:nx),tpdev(1:nx),bispline)
end subroutine
```

所有参数基本与双线性插值的一致,只是多了一个参数 griddfy2,它给出了插值格点在 y 方向上的偏导数(需要预先解三对角方程得到)。主程序补充以下相应的调用语句。

```fortran
! ==============开始二维插值
  do j=0,nysamples
    do i=0,nxsamples
! 计算采样点上的坐标
      x=xlow+(xup-xlow)*real(i)/real(nxsamples)
      y=ylow+(yup-ylow)*real(j)/real(nysamples)
! 调用双线性插值程序
      call Bilinear_Interpolation(nx,ny,x,y,gridx,gridy,gridfxy,bilinear)
! 调用双立方插值程序
      call Bicubic_Interpolation(nx,ny,x,y,gridx,gridy,gridfxy,griddfx,griddfy,griddfxy,bicubic)
! 调用双立方样条曲线插值程序
      if (i==0) then
        do k=1,nx! 用立方样条曲线计算插值格点上的导数 df/dy
          call Cubicspline_prepare(ny,gridy(1:ny),gridfxy(k,1:ny),griddfy2(k,1:ny))
        end do
      end if
      call BicubicSpline_interpolation(nx,ny,x,y,gridx,gridy,gridfxy,griddfy2,bispline)
! 计算原函数值
      call getfun_2d(x,y,fxy,dfx,dfy,dfxy)
      fxyvec(i)=fxy; bilinearvec(i)=bilinear
      bicubicvec(i)=bicubic; bisplinevec(i)=bispline
      bilinearerror=bilinearerror+(bilinear-fxy)**2
      bicubicerror=bicubicerror+(bicubic-fxy)**2
      bisplineerror=bisplineerror+(bispline-fxy)**2
    end do
! 输出计算结果
    write(10,"(100f8.3)") y,fxyvec(0:nxsamples)
    write(20,"(100f8.3)") y,bilinearvec(0:nxsamples)
    write(30,"(100f8.3)") y,bicubicvec(0:nxsamples)
    write(40,"(100f8.3)") y,bisplinevec(0:nxsamples)
  end do
  close(10); close(20); close(30); close(40)
! 打印误差
  i=(nxsamples+1)*(nysamples+1)
  bilinearerror=sqrt(bilinearerror/dble(i))
  bicubicerror=sqrt(bicubicerror/dble(i))
  bisplineerror=sqrt(bisplineerror/dble(i))
  print "(a,f8.3)","RMS error for bilinear interpolation：",bilinearerror
  print "(a,f8.3)","RMS error for bicubic interpolation：",bicubicerror
  print "(a,f8.3)","RMS error for bispline interpolation：",bisplineerror
```

用二维样条曲线插值算法再次对同样的函数 $\exp(-x^2-y^2)$ 进行插值。

图 5-8 中,虚线曲面即为插值曲面,与双立方插值结果相比,它的表现要差一些,误差 σ 为 0.050,大于双立方插值,但毕竟优于双线性插值,而且整个代码结构非常简单,且无需给定原函数的偏导数信息,因此,二维样条曲线插值同样是很实用的插值算法。

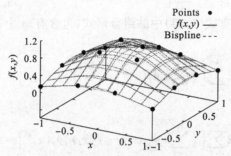

图 5-8　二维样条曲线插值示例

第 6 节　数 值 拟 合

拟合是另外一种构造区间内函数曲线的方法,它同样需要预先设定一系列格点 $(x_0, x_1, \cdots, x_n)$,同样需要一系列基函数 $\phi_j(x)$,拟合函数与插值函数形式也类似,即

$$P(x) = \sum_{j=0}^{m} a_j \phi_j(x) \tag{5.81}$$

但它们有以下两个方面的区别。

首先,插值方法中基函数的个数与插值格点的数目必须相等,而在拟合方法中,两者无关。也就是说,格点数目可以远大于基函数的个数,这在有些情况下尤为实用。例如,当我们已经知道某个实验中实验值的分布规律(如 e 指数衰减分布),这个时候,基函数 $\phi_j(x)$ 的形式和个数就已经确定了,需要做的是利用大量的实验数据来确定极少数加权系数 a_i。

其次,插值方法要求,在插值格点和基函数形式给定以后,插值函数 $P(x)$ 在格点上的函数值 $P(x_0), P(x_1), \cdots, P(x_n)$ 要与原函数值 $f(x_0), f(x_1), \cdots, f(x_n)$ 相等,有时也要求导数值也要相等。而拟合方法则要求拟合函数在所有格点上的函数值 $P(x_0), P(x_1), \cdots, P(x_n)$ 与原函数值之间的方差 S 达到最小(设格点数目为 n 个),方差函数为

$$S(a_0, \cdots, a_n) = \sum_{i=0}^{n} (P(x_i) - f(x_i))^2 \tag{5.82}$$

注意:这个方差函数如果放在插值方法中,它总是为零。

下面就根据以上要求计算拟合公式(5.81)中的加权系数。由于方差函数 S 要

取极值,则它必须在所有自由度上的偏导数等于零,故有方程组

$$\begin{cases} \dfrac{\partial S(a_0,\cdots,a_m)}{\partial a_0} = 2\sum_{i=0}^{n}\left[(P(x_i)-f(x_i))\dfrac{\partial P(a_0,\cdots,a_m,x_i)}{\partial a_0}\right]=0 \\ \qquad\qquad\vdots \\ \dfrac{\partial S(a_0,\cdots,a_m)}{\partial a_m} = 2\sum_{i=0}^{n}\left[(P(x_i)-f(x_i))\dfrac{\partial P(a_0,\cdots,a_m,x_i)}{\partial a_m}\right]=0 \end{cases} \tag{5.83}$$

设拟合函数 $P(x)$ 有式(5.81)中的组合形式,包含有 m 个基函数,则上面的公式可以改写成

$$\begin{cases} 2\sum_{i=0}^{n}\left[\left(\sum_{j=0}^{m}a_j\phi_j(x_i)-f(x_i)\right)\phi_0(x_i)\right]=0 \\ \qquad\qquad\vdots \\ 2\sum_{i=0}^{n}\left[\left(\sum_{j=0}^{m}a_j\phi_j(x_i)-f(x_i)\right)\phi_n(x_i)\right]=0 \end{cases} \tag{5.84}$$

对基函数的求和、对格点的求和互换顺序

$$\begin{cases} \sum_{j=0}^{m}a_j\left(\sum_{i=0}^{n}\phi_j(x_i)\phi_0(x_i)\right)=\sum_{i=0}^{n}f(x_i)\phi_0(x_i) \\ \qquad\qquad\vdots \\ \sum_{j=0}^{m}a_j\left(\sum_{i=0}^{n}\phi_j(x_i)\phi_m(x_i)\right)=\sum_{i=0}^{n}f(x_i)\phi_m(x_i) \end{cases} \tag{5.85}$$

可得到一个标准的线性方程组,其解向量就是拟合函数中的加权系数 $a_0,a_1,\cdots,a_m$。这样,只要设定了格点坐标 x_i、基函数形式 ϕ_j 和原函数在格点上的函数值 $f(x_i)$,则上面的线性方程就可以求解,解出所有加权系数后,回代入拟合函数(5.81)中,完成拟合工作。这一拟合算法称为最小二乘法。

一般情况下,拟合函数中的基函数全部取多项式 $\phi_j(x)=x^j$,代入式(5.85)后,可以直接得到线性方程组中的系数矩阵和常数向量,即

$$\begin{cases} \sum_{j=0}^{m}a_j\sum_{i=0}^{n}x_i^{j}=\sum_{i=0}^{n}f(x_i)x_i^{0} \\ \qquad\qquad\vdots \\ \sum_{j=0}^{m}a_j\sum_{i=0}^{n}x_i^{j+m}=\sum_{i=0}^{n}f(x_i)x_i^{m} \end{cases} \tag{5.86}$$

程序代码如下。

```
! 最小二乘法中拟合函数
subroutine DataFitting(nx,nbasefunc,x,gridx,gridy,fittingvalue)
  use Comphy_Linearsolver
  integer,intent(in):: nx,nbasefunc
  real * 8,intent(in):: x,gridx(nx),gridy(nx)
```

```fortran
real * 8,intent(out):: fittingvalue
integer:: i,j,k
real * 8:: sqmatrix(nbasefunc,nbasefunc),sqvector(nbasefunc)
real * 8:: coeffvec(nbasefunc),tpval
! 准备最小二乘法中用到的内积矩阵和矢量
sqmatrix(:,:)=0.0d0; sqvector(:)=0.0d0; coeffvec(:)=0.0d0
do i=1,nbasefunc
  do j=i,nbasefunc
    tpval=0.0d0
    do k=1,nx
    tpval=tpval+(gridx(k) * * (i-1)) * (gridx(k) * * (j-1))
  end do
  sqmatrix(i,j)=tpval
    sqmatrix(j,i)=sqmatrix(i,j)
  end do
  tpval=0.0d0
  do k=1,nx
    tpval=tpval+gridy(k) * (gridx(k) * * (i-1))
  end do
  sqvector(i)=tpval
end do
! 调用 LU 分解法解出拟合系数
call LUDecomposition_Doolittle(nbasefunc,sqmatrix,sqvector,coeffvec)

! 计算拟合函数
fittingvalue=0.0d0
do i=1,nbasefunc
  fittingvalue=fittingvalue+coeffvec(i) * (x * * (i-1))
end do
end subroutine
```

现在对所有参数做一个简单介绍。nx 和 nbasefunc 分别指定格点数目和基函数的阶数,x 给出需要拟合的位置,gridx 和 gridy 给出了格点坐标以及原函数在格点上的函数值,最后一个参数 fittingvalue 返回拟合结果。整个程序分三步来完成最小二乘法的计算。第一步,根据基函数个数(nbasefunc),准备方程组(5.86)左边的系数矩阵和右边的常数向量。第二步,调用第三章介绍的 LU 分解法求出拟合函数中的加权系数。第三步,代入拟合函数(5.81)计算给定坐标(x)处的拟合值。

为执行最小二乘法,还需要建立一个简单的主程序,这一程序与插值主程序类似,先建立一维拟合格点(x_i 从 0 到 π,共 4 个),并计算格点上的函数值(这里设定原函数为 $f(x)=\sin(x)e^x$),然后调用上面的拟合程序 DataFitting 分别进行 1 次、2 次和 3 次多项式拟合。最后给出拟合函数在所有采样点上的误差。

```fortran
program main
  use Comphy_InterpolationAndFitting
  implicit none
  integer :: i,nx,nsamples
  real * 8 :: x,y,dy,xlow,xup,leastsquare(3),error(3)
  real * 8,dimension(:),allocatable :: gridx,gridy,griddy
  external :: getfun

! 设置插值区间和插值点数目
  nx=4; xlow=0.0d0; xup=3.1415d0
  allocate(gridx(nx),gridy(nx),griddy(nx))
! 计算插值格点上的函数值和导数值
  do i=1,nx
     gridx(i)=xlow+real(i-1) * (xup-xlow)/dble(nx-1)
     call getfun_sin(gridx(i),gridy(i),griddy(i))
  end do

! 输出插值点信息
  open(unit=10,file="gridpoints. txt",action="write")
  do i=1,nx
     write(10,"(i5,3f8. 3)") i,gridx(i),gridy(i),griddy(i)
  end do
  close(10)

! ==============开始拟合
  open(unit=10,file="datafitting. txt",action="write")
  nsamples=100; error(:)=0.0d0
  do i=0,nsamples
     x=xlow+(xup-xlow) * real(i)/real(nsamples)
! 最小二乘法(1 次函数拟合)
     call DataFitting(nx,2,x,gridx,gridy,leastsquare(1))
! 最小二乘法(2 次函数拟合)
     call DataFitting(nx,3,x,gridx,gridy,leastsquare(2))
! 最小二乘法(3 次函数拟合)
     call DataFitting(nx,4,x,gridx,gridy,leastsquare(3))
```

```
! 输出计算结果
    call getfun_sin(x,y,dy)
    write(10,"(6f8.3)") x,y,leastsquare(1:3)
    error(:)=error(:)+(leastsquare(:)−y)**2
  end do
  close(10)
  error=sqrt(error(:)/dble(nsamples))
  print "(a,3f8.3)","1−,2− and 3−order data fitting error:",error(:)
! =============
end program


! 用于拟合的原函数
subroutine getfun_sin(x,y,dy)
  implicit none
  real*8,intent(in):: x
  real*8,intent(out):: y,dy
  y=sin(x)*exp(x)
  dy=cos(x)*exp(x)+sin(x)*exp(x)
end subroutine
```

执行程序,计算结果绘图,如图 5-9 所示。

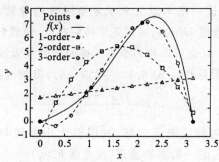

图 5-9　函数拟合示例

图 5-9 中,实线为原函数 $f(x)=\sin(x)\mathrm{e}^x$,实心圆圈标出了 4 个拟合格点的位置。带空心三角、空心方块和空心圆圈的虚线分别是 1 次、2 次和 3 次多项式拟合的结果。从曲线形状来看,拟合多项式阶数越高,则拟合曲线越逼近原函数,它们在所有采样点(共 101 个)上的误差分别为 2.720、1.968 和 0.591。当然,随着阶数的增加,计算量也会逐渐增大。

第六章 数值微分和积分

前面有几章介绍了方程或方程组的数值算法,包括非线性方程、线性方程组和本征值方程。其实,物理研究中有时仅仅需要计算一个微积分,如受哈密顿量守恒支配的行星运动、利用惠更斯原理分析光的干涉和衍射等,这些都离不开函数的微分或积分运算。对于特殊函数,像多项式、指数或三角函数,相关运算并不复杂,只要直接套用一些数学公式就可以了,但物理上的目标函数往往自变量很多,无法做解析计算,这时就需要用数值方法来处理了。

第1节 数值求导

一个任意函数 $f(x)$ 的导数定义如下,当自变量 x 的增量趋于零时,函数的增量与自变量的增量之比的极限值称为函数的导数(这里自变量 x 的增量方向可正可负),即

$$f'(x) = \lim_{\Delta x \to 0} \frac{\Delta f(x)}{\Delta x} \tag{6.1}$$

数值计算正是利用这一基本定义来求复杂函数的导数。例如,要求一个函数 $f(x)$ 在 x_0 处的数值导数值 $D(x_0)$,可以先求得它在 x_0 位置的函数值 $f(x_0)$,然后对 x_0 做一个非常小的偏移 h(也可以称为步长),得到新的位置 x_0+h,并求得新的位置上的函数值 $f(x_0+h)$,最后代入式(6.1)(令 $\Delta x = h$),得到函数的数值导数

$$D(x_0, h) = \frac{f(x_0+h) - f(x_0)}{h} \tag{6.2}$$

这样求得的导数,称为向前或向后求导,其误差大小显然与步长 h 有关。将函数 $f(x)$ 在 x_0 处做步长为 h 的一阶泰勒展开(仅考虑 $h > 0$)

$$f(x_0+h) = f(x_0) + hf'(x_0) + \frac{h^2}{2!}f''(\xi), \quad \xi \in [x_0, x_0+h] \tag{6.3}$$

代入式(6.2)后,就可以有向前求导的误差公式为

$$R(x_0, h) = f'(x_0) - D(x_0, h) = -\frac{h}{2}f''(\xi) = O(h) \tag{6.4}$$

也可以对式(6.2)加以改进。先对 x_0 做一个正向的微小偏移 h,得到新的位置上的函数值 $f(x_0+h)$,然后对 x_0 做一个负向的微小偏移 h,计算 $f(x_0-h)$,最后把这两个点的函数值代入极限公式,得到新的数值求导公式

$$D(x_0, h) = \frac{f(x_0+h) - f(x_0-h)}{2h} \tag{6.5}$$

这样的求导方式称为中心求导。看上去,数值求导区间($2h$)是之前的一倍,似乎结果的可靠性会下降,但如果再次在 x_0 附近做泰勒展开(二阶展开,步长分别为 $+h$ 和 $-h$)

$$\begin{cases} f(x_0+h)=f(x_0)+hf'(x_0)+\dfrac{h^2}{2!}f''(x_0)+\dfrac{h^3}{3!}f'''(\xi_1), & \xi_1\in[x_0,x_0+h] \\[2mm] f(x_0-h)=f(x_0)-hf'(x_0)+\dfrac{h^2}{2!}f''(x_0)-\dfrac{h^3}{3!}f'''(\xi_2), & \xi_2\in[x_0-h,x_0] \end{cases}$$

$$(6.6)$$

把它们代入式(6.5),可以得到中心求导的误差公式为

$$R(x_0,h)=f'(x_0)-D(x_0,h)=-\frac{h^2}{12}(f'''(\xi_1)+f'''(\xi_2))=O(h^2) \qquad (6.7)$$

可见,中心求导的误差随步长 h 的衰减速度更快,计算结果更为可靠。

不过,要具体计算这个误差函数 $R(x_0,h)$ 的大小是比较困难的,因为它不仅依赖步长 h,还需知道原函数 $f(x)$ 对自变量的高阶导数,如果原函数的实际形式未知,则该高阶导数无法求出。为此,可以采用插值一章中介绍的两步方法计算误差,分别设步长为 $2h$ 和 h,连续计算两次导数,并联立它们的误差公式

$$\begin{cases} R(x_0,2h)=f'(x_0)-D(x_0,2h) \\ R(x_0,h)=f'(x_0)-D(x_0,h) \end{cases} \qquad (6.8)$$

公式中的函数 D 代表特定步长下的数值导数,将两个方程相除,并定义常数 ρ 为

$$\rho(h)=\frac{R(x_0,2h)}{R(x_0,h)}=\frac{f'(x_0)-D(x_0,2h)}{f'(x_0)-D(x_0,h)} \qquad (6.9)$$

整理一下,得到新的数值求导公式为

$$f'(x_0)=\frac{\rho(h)}{\rho(h)-1}D(x_0,h)-\frac{1}{\rho(h)-1}D(x_0,2h) \qquad (6.10)$$

把这一数值作为准确的导数值导入式(6.8)中的第 2 个式子,就可以估算步长为 h 时数值求导的误差,即

$$\begin{aligned} R(x_0,h)&=\frac{\rho(h)}{\rho(h)-1}D(x_0,h)-\frac{1}{\rho(h)-1}D(x_0,2h)-D(x_0,h) \\[2mm] &=\frac{1}{\rho(h)-1}(D(x_0,h)-D(x_0,2h)) \end{aligned} \qquad (6.11)$$

这种误差计算方法称为事后误差估计。与此类似,也可以设步长分别为 h 和 $h/2$ 来计算步长 h 对应的误差。

现在来看向前求导公式

$$\rho(h)=\frac{R(x_0,2h)}{R(x_0,h)}=\frac{O(2h)}{O(h)}=2 \qquad (6.12)$$

代入式(6.11),得到向前求导的事后误差为

$$R(x_0,h)=D(x_0,h)-D(x_0,2h) \qquad (6.13)$$

当然这一误差同样适用于向后求导。计算程序如下。

```
！向前求导公式
subroutine FarwardDifference(func,x,h,deriv,error)
   real * 8,intent(in)：：x,h
   real * 8,intent(out)：：deriv,error
   real * 8：：tpderiv,func
   external：：func
！计算步长为 2h 的导数
   tpderiv=(func(x+2.0d0 * h)−func(x))/(2.0d0 * h)
！计算步长为 h 的导数
   deriv=(func(x+h)−func(x))/h
！事后误差估计
   error=deriv −tpderiv
end subroutine
```

　　这里的参数 func 是一个外部函数,通过它可以计算原函数 $f(x)$ 的函数值,而参数 x 和 h 是输入参数,分别指定数值求导的位置和步长,deriv 和 error 则返回计算出的导数和事后误差。

　　同样,中心求导有

$$\rho(h) = \frac{R(x_0,2h)}{R(x_0,h)} = \frac{O(4h^2)}{O(h^2)} = 4 \tag{6.14}$$

代入式(6.11),有中心求导的事后误差公式

$$R(x_0,h) = \frac{1}{3}\big[D(x_0,h)-D(x_0,2h)\big] \tag{6.15}$$

　　下面给出中心求导的子程序(参数含义与向前求导程序相同)。

```
！中心求导公式
subroutine CentralDifference(func,x,h,deriv,error)
   real * 8,intent(in)：：x,h
   real * 8,intent(out)：：deriv,error
   real * 8：：tpderiv,func
   external：：func
！计算步长为 2h 的导数
   tpderiv=(func(x+2.0d0 * h)−func(x−2.0d0 * h))/(4.0d0 * h)
！计算步长为 h 的导数
   deriv=(func(x+h)−func(x−h))/(2.0d0 * h)
！事后误差估计
   error=(deriv−tpderiv)/3.0d0
end subroutine
```

　　还可以借助插值方法来计算导数,步骤如下。首先在 $x_1 = x_0 - h, x_2 = x_0, x_3 =$

$x_0 + h$ 三个点上计算函数值 $f(x_0 - h)$、$f(x_0)$ 和 $f(x_0 + h)$，然后使用第五章介绍的 Lagrange插值方法建立插值函数

$$P(x) = \frac{(x-x_2)(x-x_3)}{2h^2}f(x_1) + \frac{(x-x_1)(x-x_3)}{-h^2}f(x_2) + \frac{(x-x_1)(x-x_2)}{2h^2}f(x_3)$$

(6.16)

这只是一个简单的多项式，很容易求得在区间 $[x_1, x_3]$ 内的导数

$$P'(x) = \frac{(x-x_2+x-x_3)}{2h^2}f(x_1) + \frac{(x-x_1+x-x_3)}{-h^2}f(x_2) + \frac{(x-x_1+x-x_2)}{2h^2}f(x_3)$$

(6.17)

令 $x = x_2 = x_0$，可以得到区间中点位置的数值导数

$$P'(x_0) = \frac{1}{2h}(f(x_3) - f(x_1))$$

(6.18)

亦即

$$P'(x_0) = \frac{1}{2h}(f(x_0 + h) - f(x_0 - h))$$

(6.19)

该求导公式与中心求导公式完全一致，类似地，也可以在 x_0 周围建立五点插值函数，并求得导数，具体过程省略。

最后给出调用求导子程序的主程序代码如下。

```
program main
   use Comphy_Calculus
   implicit none
   real * 8:: x,h,fdderiv,fderror,cdderiv,cderror
   external:: func

   print "(a)","Derivative of function f(x)=4.0d0/(1.0d0+x^2)"
   print "(/,a)","stepsize farward error central error"
   h=1.0d0; x=1.0d0
! 不断改变步长，循环求导
   do while (h>1.0d-2)
! 向前求导
      call FarwardDifference(func,x,h,fdderiv,fderror)
中心求导
      call CentralDifference(func,x,h,cdderiv,cderror)
      print "(f8.3,3(2x,f8.3,e9.1e1),f8.3)",h,fdderiv,fderror,cdderiv,cderror
      h=h/2.0d0
   end do
end program
```

```
! 原函数 f(x)
function func(x)
    implicit none
    real * 8,intent(in):: x
    real * 8:: func
    func=4.0d0/(1.0d0+x * * 2)
end function
```

在这个主程序中,计算了函数 $f(x)=4/(1+x^2)$ 在 $x=1.0$ 处的导数值,它的理论值为 -2.0。为深入测试,将步长 h 从 1.0 开始不断减半,然后计算每一个步长对应的向前导数和中心导数,以及相应的事后误差。结果显示,随着步长的减少,两个导数都在逼近理论值,但显然同等步长下,中心求导的准确性要高很多,如图 6-1 所示。

```
C:\Windows\system32\cmd.exe

Derivative of function f(x)=4.0d0/(1.0d0+x^2)

stepsize    farward     error      central      error
   1.000     -1.200    -0.4E+0     -1.600     -0.4E+0
   0.500     -1.538    -0.3E+0     -1.969     -0.1E+0
   0.250     -1.756    -0.2E+0     -1.998     -0.1E-1
   0.125     -1.876    -0.1E+0     -2.000     -0.6E-3
   0.062     -1.938    -0.6E-1     -2.000     -0.4E-4
   0.031     -1.969    -0.3E-1     -2.000     -0.2E-5
   0.016     -1.984    -0.2E-1     -2.000     -0.1E-6
```

图 6-1　数值求导计算结果

第 2 节　机 械 积 分

现在来看数值积分方法。从几何上来说,函数的定积分值就是在一定区间内,函数 $f(x)$ 对应的曲线与 x 轴所包围的面积(曲线在 x 轴上方,面积取正,在 x 轴下方,则取负)。显然,定积分值与曲线形状完全相关,为使该积分便于计算,可以尝试将复杂的函数 $f(x)$ 用简单的多项式来替换,即令 $f(x)$ 在区间 $[a,b]$ 的左边界 a 上做泰勒展开

$$f(x)=f(a)+f'(\xi)(x-a), \quad \xi\in[a,x] \tag{6.20}$$

它的定积分可以写成

$$\int_a^b f(x)\mathrm{d}x = f(a)(b-a)+\frac{1}{2}f'(\xi)(b-a)^2, \quad \xi\in[a,b] \tag{6.21}$$

这一积分公式称为左矩形积分。式(6.21)右边第二项即为误差。类似地,也可以将泰勒展开的位置设在区间的右边界上,即

$$f(x)=f(b)+f'(\xi)(x-b), \quad \xi\in[x,b] \tag{6.22}$$

得到右矩阵积分公式

$$\int_a^b f(x)\mathrm{d}x = f(b)(b-a) - \frac{1}{2}f'(\xi)(b-a)^2, \quad \xi\in[a,b] \tag{6.23}$$

也可以将区间$[a,b]$一分为二,在左半区间和右半区间分别对区间中点$(a+b)/2$做二阶泰勒展开

$$\begin{cases} f_1(x)=f\left(\frac{a+b}{2}\right)+f'\left(\frac{a+b}{2}\right)\left(x-\frac{a+b}{2}\right)+\frac{f''(\xi_1)}{2}\left(x-\frac{a+b}{2}\right)^2, & \xi_1\in\left[a,\frac{a+b}{2}\right] \\ f_2(x)=f\left(\frac{a+b}{2}\right)+f'\left(\frac{a+b}{2}\right)\left(x-\frac{a+b}{2}\right)+\frac{f''(\xi_2)}{2}\left(x-\frac{a+b}{2}\right)^2, & \xi_2\in\left[\frac{a+b}{2},b\right] \end{cases}$$
$$\tag{6.24}$$

这时,函数$f(x)$被简化成二次多项式,然后对两个区间的多项式函数分别积分,即

$$\int_a^b f(x)\mathrm{d}x = \int_a^{\frac{a+b}{2}} f_1(x)\mathrm{d}x + \int_{\frac{a+b}{2}}^b f_2(x)\mathrm{d}x$$

$$=-f\left(\frac{a+b}{2}\right)\left(a-\frac{a+b}{2}\right)-\frac{1}{2}f'\left(\frac{a+b}{2}\right)\left(a-\frac{a+b}{2}\right)^2-\frac{f''(\xi_1)}{6}\left(a-\frac{a+b}{2}\right)^3$$

$$+f\left(\frac{a+b}{2}\right)\left(b-\frac{a+b}{2}\right)+\frac{1}{2}f'\left(\frac{a+b}{2}\right)\left(b-\frac{a+b}{2}\right)^2+\frac{f''(\xi_2)}{6}\left(b-\frac{a+b}{2}\right)^3$$

$$=f\left(\frac{a+b}{2}\right)(b-a)+\frac{f''(\xi_2)}{6}\left(b-\frac{a+b}{2}\right)^3+\frac{f''(\xi_1)}{6}\left(\frac{a+b}{2}-a\right)^3 \tag{6.25}$$

该积分公式称为中心矩形积分,第二项、第三项误差函数可以进一步整理为

$$R(f) = \frac{(b-a)^2}{24}\left[f''(\xi_2)\frac{b-a}{2}+f''(\xi_1)\frac{b-a}{2}\right]$$

$$= \frac{(b-a)^2}{24}\int_a^b f''(\xi)\mathrm{d}\xi$$

$$= \frac{(b-a)^2}{24}[f'(b)-f'(a)] \tag{6.26}$$

以上三种积分算法都有一个共同特点,即积分公式中都含有原被积函数$f(x)$,只是自变量x的取值不同而已。由此启发,可以建立一个积分通式

$$\int_a^b f(x)\mathrm{d}x = \sum_{i=0}^n A_i f(x_i) \tag{6.27}$$

其中的x_i称为求积节点,它分布于求积区间$[a,b]$内,在每一个节点上都有相应的被积函数值$f(x_i)$,配以加权系数A_i并组合起来后给出定积分值,该通式称为机械求积公式。这里,求积节点的个数$n+1$、节点位置x_i和加权系数A_i都与算法相关,而与被积函数无关。如果设定一组节点x_i和系数A_i后最多能够将0到k次多项式准确积出,那么由此决定的机械求积公式就具有k次代数精度。

具体来说,根据k次代数精度的要求建立$k+1$个方程,它们可以唯一确定$(k+$

1)/2 个求积节点 x_i 和 $(k+1)/2$ 个相应的加权系数 A_i。当然一般情况下,求积节点 x_i 分布均匀,即所有 x_i 已知,此时 k 次代数精度算法就至少需要有 $k+1$ 个积分节点了。

　　例如,要设计一个具有 1 次代数精度的积分公式($k=1$),可以设定 1 个求积节点 x_0 和一个加权系数 A_0(均未知,待求),或者设定两个求积节点 x_0、x_1(已知)和两个加权系数 A_0、A_1(待求)。

　　先考虑第一种情况,机械求积公式为

$$\int_a^b f(x)\mathrm{d}x = f(x_0)A_0 \tag{6.28}$$

要求该公式对 0 次和 1 次多项式能够准确积分,即

$$\begin{cases} \int_a^b x^0 \mathrm{d}x = b-a = x_0^0 A_0 \\ \int_a^b x^1 \mathrm{d}x = \dfrac{b^2-a^2}{2} = x_0^1 A_0 \end{cases} \tag{6.29}$$

解该方程组,可以得到节点 $x_0=(a+b)/2$ 和系数 $A_0=b-a$,代入式(6.28),得

$$\int_a^b f(x)\mathrm{d}x = (b-a)f\left(\frac{a+b}{2}\right) \tag{6.30}$$

这就是中心矩形积分公式,它具有 1 次代数精度。

　　再来看第二种情况,它需要预先给出求积节点 x_0、x_1,这里分别定为积分区间的下界 a 和上界 b,给出两点机械求积公式

$$\int_a^b f(x)\mathrm{d}x = f(a)A_0 + f(b)A_1 \tag{6.31}$$

1 次代数精度要求对 x^0 和 x^1 都能够准确积分,即

$$\begin{cases} \int_a^b x^0 \mathrm{d}x = b-a = x_0^0 A_0 + x_1^0 A_1 = A_0 + A_1 \\ \int_a^b x^1 \mathrm{d}x = \dfrac{b^2-a^2}{2} = x_0^1 A_0 + x_1^1 A_1 = aA_0 + bA_1 \end{cases} \tag{6.32}$$

解上面的线性方程组,可以得到加权系数 $A_0=A_1=(b-a)/2$,代入式(6.31),得

$$\int_a^b f(x)\mathrm{d}x = \frac{b-a}{2}(f(a)+f(b)) \tag{6.33}$$

即为梯形积分公式,它同样具有 1 次代数精度。

第3节　插　值　积　分

　　之前的机械积分需要根据代数精度的要求,建立方程组后才能确定求积节点和加权系数。这一小节介绍一种新的积分算法,它无需解方程组,而是把被积函数直接替换为多项式,然后对多项式直接积分确定加权系数。因此,这一算法称为插值积分。

回顾一下第五章的内容，一个任意函数 $f(x)$，如果给定它在一系列节点（从 x_0 到 x_n）上的函数值，则可以建立插值多项式 $P(x)$ 为

$$P(x) = \sum_{i=0}^{n} f(x_i)\phi_i(x) \tag{6.34}$$

这里的 $\phi_i(x)$ 是插值基函数，用该插值多项式替换定积分中的原函数 $f(x)$，即

$$\int_a^b f(x)\mathrm{d}x = \int_a^b \sum_{i=0}^{n} f(x_i)\phi_i(x)\mathrm{d}x = \sum_{i=0}^{n} \left(\int_a^b \phi_i(x)\mathrm{d}x \right) f(x_i) \tag{6.35}$$

式（6.35）与机械求积公式是一样的，求积节点 x_i 即为插值节点，加权系数 A_i 则为插值基函数的积分。因为基函数只是简单的多项式，所以该加权系数很容易计算。

对于 $n+1$ 个格点的 Lagrange 插值，插值积分的加权系数为

$$A_i = \int_a^b \phi_i(x)\mathrm{d}x = \int_a^b \frac{(x-x_0)\cdots(x-x_{i-1})(x-x_{i+1})\cdots(x-x_n)}{(x_i-x_0)\cdots(x_i-x_{i-1})(x_i-x_{i+1})\cdots(x_i-x_n)}\mathrm{d}x \tag{6.36}$$

式（6.36）中分母项数虽然很多，但都是格点间距 h 的整数倍，故做变量替换 $x = a+th$（积分变量 x 被替换为 t），因此在所有求积节点上有 $x_i = a+ih$ $(i=0,1,\cdots,n)$，积分区间也从 $[a, b]$ 变换为 $[0, n]$，即

$$A_i = \int_0^n \frac{t(t-1)\cdots(t-i+1)(t-i-1)\cdots(t-n)}{i!(n-i)!(-1)^{n-i}} h\,\mathrm{d}t$$

$$= \frac{(-1)^{n-i}(b-a)}{i!(n-i)!n} \int_0^n t(t-1)\cdots(t-i+1)(t-i-1)\cdots(t-n)\mathrm{d}t \tag{6.37}$$

回代入式（6.35）以后，即可得插值积分公式，也称为 Newton-Cotes 公式。对应的积分误差等于插值余项的定积分，即

$$R(f) = \int_a^b \frac{f^{(n+1)}(\xi)}{(n+1)!}(x-x_0)\cdots(x-x_n)\mathrm{d}x \tag{6.38}$$

从误差公式可以看出，如果对被积函数 $f(x)$ 做 $n+1$ 点插值，那么它至少可以保证 n 次多项式被准确积分（原被积函数 $f(x)$ 的 $n+1$ 阶导数为零，因此误差也为零），也就是 $n+1$ 点插值至少具有 n 次代数精度。

现在取两点插值（$n=1$，插值格点 $x_0=a$，$x_1=b$），可得加权系数为

$$A_0 = -(b-a)\int_0^n (t-1)\mathrm{d}t = \frac{b-a}{2}, \quad A_1 = (b-a)\int_0^n (t-0)\mathrm{d}t = \frac{b-a}{2} \tag{6.39}$$

代入式（6.35）以后，有

$$\int_a^b f(x)\mathrm{d}x = \frac{b-a}{2}[f(a) + f(b)] \tag{6.40}$$

与两点机械求积公式一样，两点插值积分也是梯形积分，对应的积分误差为

$$R(f) = \int_a^b \frac{f''(\xi)}{2}(x-a)(x-b)\mathrm{d}x = -\frac{(b-a)^3}{12}f''(\xi), \quad \xi \in [a,b] \tag{6.41}$$

再来看三点插值（$n=2$，插值格点 $x_0=a$，$x_1=(a+b)/2$，$x_2=b$），可得加权系数为

$$\begin{cases} A_0 = \dfrac{b-a}{4}\displaystyle\int_0^2 (t-1)(t-2)\,\mathrm{d}t = \dfrac{b-a}{6} \\[3mm] A_1 = -\dfrac{b-a}{2}\displaystyle\int_0^2 t(t-2)\,\mathrm{d}t = \dfrac{4}{6}(b-a) \\[3mm] A_2 = \dfrac{b-a}{4}\displaystyle\int_0^2 t(t-1)\,\mathrm{d}t = \dfrac{1}{6}b-a \end{cases} \tag{6.42}$$

代入式(6.35),得

$$\int_a^b f(x)\,\mathrm{d}x = \frac{(b-a)}{6}\left[f(a) + 4f\left(\frac{b+a}{2}\right) + f(b)\right] \tag{6.43}$$

这一新推导出的积分公式称为 Simpson 积分。因为是三点积分,所以它至少具有 2 次代数精度,即能够保证多项式 x^0、x^1 和 x^2 准确积分,现令 $f(x)=x^3$,有

$$\int_a^b x^3\,\mathrm{d}x = \frac{b-a}{6}\left[a^3 + 4\left(\frac{b+a}{2}\right)^3 + b^3\right] = \frac{b^4-a^4}{4} \tag{6.44}$$

这一数值也与解析计算的结果相等,故 Simpson 积分实际具有 3 次代数精度,是一个非常高效的积分算法。因为它的实际代数精度比理论精度还高了一阶,所以不适宜用式(6.38)来评估误差。我们为其重新构造一个三点三次插值函数 $H(x)$(非 Lagrange 插值),该插值函数具有三个等分插值点,具有如下性质

$$\begin{cases} H(a) = f(a), \quad H(b) = f(b) \\[2mm] H\left(\dfrac{a+b}{2}\right) = f\left(\dfrac{a+b}{2}\right), \quad H'\left(\dfrac{a+b}{2}\right) = f'\left(\dfrac{a+b}{2}\right) \end{cases} \tag{6.45}$$

与 Lagrange 插值误差函数的建立过程类似,为 $H(x)$ 建立插值误差公式为

$$f(x) - H(x) = \frac{f^{(4)}(\xi)}{4!}(x-a)\left(x-\frac{a+b}{2}\right)^2(x-b), \quad \xi\in[a,b] \tag{6.46}$$

对其做定积分,可得 Simpson 积分公式的误差函数为

$$R(f) = -\frac{(b-a)^5}{2880}f^{(4)}(\xi), \quad \xi\in[a,b] \tag{6.47}$$

第 4 节　复 化 积 分

插值算法中有一个 Runge 现象,即当格点数目增加的时候,在边界格点附近会出现较大误差,这一误差自然会带入积分。因此,对积分区间 $[a,b]$ 内的所有格点做全局插值是不合适的,可以采用分段低阶插值的思路,即先分段积分然后累加,从而得到整个区间内的积分值。这一方法称为复化积分。

例如,区间 $[a,b]$ 内有 $n+1$ 个格点,可以分为 n 个子区间,每个子区间单独做两点插值积分,也就是梯形积分,然后整合,这就是复化梯形积分。其计算公式为

$$\int_a^b f(x)\,\mathrm{d}x = \sum_{i=0}^{n-1}\left(\frac{h}{2}\bigl(f(x_i) + f(x_{i+1})\bigr)\right) = \frac{h}{2}\left(f(a) + 2\sum_{i=1}^{n-1}f(x_i) + f(b)\right)$$

$$\tag{6.48}$$

它的总误差本为所有子区间误差之和（h 为格点间距），也可以按照如下方法转化为积分形式，最后用积分区间上下界处被积函数 $f(x)$ 的高阶导数来表示，即

$$R(h) = -\frac{h^3}{12}\sum_{i=1}^{n}f''(\xi_i) = -\frac{h^2}{12}\sum_{i=1}^{n}f''(\xi_i)h = -\frac{h^2}{12}\int_a^b f''(\xi)\mathrm{d}\xi$$

$$= -\frac{h^2}{12}[f'(b)-f'(a)], \quad \xi_i \in [x_i, x_{i+1}] \tag{6.49}$$

也可以分为 m 个子区间积分（$m = n/2$，n 必须为偶数），每个子区间宽度为 $2h$，包含三个格点，做三点插值积分（Simpson 积分），得到复化 Simpson 积分公式为

$$\int_a^b f(x)\mathrm{d}x = \frac{h}{3}\left(f(a) + 4\sum_{i=0}^{m-1}f(x_{2i+1}) + 2\sum_{i=1}^{m-1}f(x_{2i}) + f(b)\right) \tag{6.50}$$

其相应误差为

$$R(h) = -\frac{h^5}{2880}\sum_{i=1}^{n}f^{(4)}(\xi_i) = -\frac{h^4}{2880}\sum_{i=1}^{n}f^{(4)}(\xi_i)h = -\frac{h^4}{2880}\int_a^b f^{(4)}(\xi)\mathrm{d}\xi$$

$$= -\frac{h^4}{2880}[f^{(3)}(b)-f^{(3)}(a)], \quad \xi_i \in [x_i, x_{i+1}] \tag{6.51}$$

无论是复化梯形积分还是复化 Simpson 积分，其误差都带有被积函数 $f(x)$ 的高阶导数，并不容易计算。为得到一个更为实用的误差公式，可用第一小节数值求导中用到的事后误差计算方法，分别设步长为 $2h$ 和 h，连续两次积分得到积分值 $I(2h)$ 和 $I(h)$，并联立它们的误差公式

$$\begin{cases} R(2h) = \int_a^b f(x)\mathrm{d}x - I(2h) \\ R(h) = \int_a^b f(x)\mathrm{d}x - I(h) \end{cases} \tag{6.52}$$

将两个方程相除，并定义常数 ρ 为

$$\rho(h) = \frac{R(2h)}{R(h)} = \frac{\int_a^b f(x)\mathrm{d}x - I(2h)}{\int_a^b f(x)\mathrm{d}x - I(h)} \tag{6.53}$$

整理一下，可以得到新的数值积分公式（称为变步长积分公式）

$$\int_a^b f(x)\mathrm{d}x = \frac{\rho(h)}{\rho(h)-1}I(h) - \frac{1}{\rho(h)-1}I(2h) \tag{6.54}$$

把这一数值作为准确的积分值导入式（6.52）中第二个式子，则事后误差估计为

$$R(h) = \frac{\rho(h)}{\rho(h)-1}I(h) - \frac{1}{\rho(h)-1}I(2h) - I(h)$$

$$= \frac{1}{\rho(h)-1}(I(h) - I(2h)) \tag{6.55}$$

在数值求导一节中已经讨论过，同样的误差也可以从步长为 h 和 $h/2$ 的积分结果中推导出来，但那样必须要加密格点，增加计算量。

下面来看复化梯形积分的例子

$$\rho(h) = \frac{R(2h)}{R(h)} = \frac{-\frac{(2h)^2}{12}(f'(b) - f'(a))}{-\frac{h^2}{12}(f'(b) - f'(a))} = 4 \tag{6.56}$$

代入式(6.55),得到复化梯形积分的事后误差公式为

$$R(h) = \frac{1}{3}(I(h) - I(2h)) \tag{6.57}$$

下面给出复化梯形积分的程序代码。

```
! 复化梯形积分
subroutine RepeatedTrapezoid(func,xlow,xup,nbin,quadrature,error)
  real * 8,intent(in):: xlow,xup
  integer,intent(in):: nbin
  real * 8,intent(out):: quadrature,error
  real * 8:: h,x,func,funcvalue,tpquadrature
  integer:: i
  external:: func
! 计算 nbin 个区间对应的步长 h
  h=(xup-xlow)/dble(nbin)
  quadrature=func(xlow)+func(xup); tpquadrature=quadrature
  do i=1,nbin-1
    x=xlow+dble(i) * h
! 计算格点上的函数值 f(x)
    funcvalue=func(x)
! 计算步长为 h 对应的积分值
    quadrature=quadrature+2.0d0 * funcvalue
! 计算步长为 2h 对应的积分值
    if (mod(i,2)==0) then
      tpquadrature=tpquadrature+2.0d0 * funcvalue
    end if
  end do
  quadrature=quadrature * h/2.0d0; tpquadrature=tpquadrature * h
! 事后误差估计
  error=(quadrature - tpquadrature)/3.0d0
end subroutine
```

程序中需要输入被积函数(func)、积分区间(xlow,xup)、节点数目(nbin)等信息,然后进行两次复化梯形积分运算,返回积分值(quadrature)和事后误差(error)。注意,格点上的原函数值可以重复利用,所以两步积分并没有增加计算量,计算完成后,子程序会返回积分值和相应误差。

如果是复化 Simpson 积分,则有

$$\rho(h)=\frac{R(2h)}{R(h)}=\frac{-\dfrac{(2h)^4}{2880}\big[f^{(3)}(b)-f^{(3)}(a)\big]}{-\dfrac{h^4}{2880}\big[f^{(3)}(b)-f^{(3)}(a)\big]}=16 \tag{6.58}$$

代入式(6.55)，得到复化 Simpson 积分的误差公式为

$$R(h)=\frac{1}{15}\big[I(h)-I(2h)\big] \tag{6.59}$$

下面给出复化 Simpson 积分的程序代码。

```
! 复化 Simpson 积分
subroutine RepeatedSimpson(func,xlow,xup,nbin,quadrature,error)
  real * 8,intent(in)：：xlow,xup
  integer,intent(in)：：nbin
  real * 8,intent(out)：：quadrature,error
  real * 8：：h,x,func,funcvalue,tpquadrature
  integer：：i
  external：：func
! 计算 nbin 个区间对应的步长 h
  h＝(xup－xlow)/dble(nbin)
  quadrature＝func(xlow)＋func(xup)；tpquadrature＝quadrature
  do i＝1,nbin－1
    x＝xlow＋dble(i) * h
! 计算节点上的函数值 f(x)
    funcvalue＝func(x)
! 计算步长为 h 对应的积分值
    if (mod(i,2)＝＝0) then
      quadrature＝quadrature＋2.0d0 * funcvalue
    else
      quadrature＝quadrature＋4.0d0 * funcvalue
    end if
! 计算步长为 2h 对应的积分值
    if (mod(i,2)＝＝0) then
      if (mod(i,4)＝＝0) then
        tpquadrature＝tpquadrature＋2.0d0 * funcvalue
      else
        tpquadrature＝tpquadrature＋4.0d0 * funcvalue
      end if
    end if
  end do
  quadrature＝quadrature * h/3.0d0；tpquadrature＝tpquadrature * h * 2.0d0/3.0d0
! 事后误差估计
  error＝(quadrature－tpquadrature)/15.0d0
end subroutine
```

如果把 2 步复化梯形积分代入变步长公式(6.54)($\rho=4$)，得到变步长梯形积分公式

$$\int_a^b f(x)\mathrm{d}x = \frac{4}{3}I(h) - \frac{1}{3}I(2h) \tag{6.60}$$

展开后，它就是复化 Simpson 公式。同理，把 2 步复化 Simpson 积分代入变步长公式(6.54)($\rho=16$)，则变步长 Simpson 积分公式为

$$\int_a^b f(x)\mathrm{d}x = \frac{16}{15}I(h) - \frac{1}{15}I(2h) \tag{6.61}$$

受此启发，可以从最简单的梯形积分出发，快速推导高阶积分公式，即

$$\begin{cases} I^{(m+1)}(h) = I^{(m)}(h) + \dfrac{I^{(m)}(h) - I^{(m)}(2h)}{2^{2m}-1} + O(h^{2m+2}) \\ E^{(m)} = I^{(m+1)}(h) - I^{(m)}(h) = \dfrac{I^{(m)}(h) - I^{(m)}(2h)}{2^{2m}-1} \end{cases} \tag{6.62}$$

这里 m 代表代数精度。只有当 $m=1$ 时，复化梯形积分需要独立计算，而其他更高阶公式都由低阶公式推导而来，这样的积分算法称为 Romberg 积分。

下面是 Romberg 积分算法实现的程序代码。

```
! Romberg 积分
subroutine AdaptiveIntegration(func,xlow,xup,nbin,quadrature,error)
    real * 8,intent(in):: xlow,xup
    integer,intent(in):: nbin! nbin 一定要是 2 * * n
    real * 8,intent(out):: quadrature,error
    real * 8:: prelevel,nextorder,h,x,func,levelvec(nbin)
    integer:: mlevel,i,m,tpnumbin
    external:: func
! 根据格点数目确定最高代数精度
    mlevel=ceiling(log(dble(nbin))/log(2.0d0))+1
    levelvec(:)=0.0d0
    do m=1,mlevel
        prelevel=levelvec(1)
! 先做复化梯形积分
        tpnumbin=2 * * (m-1)
        h=(xup-xlow)/dble(tpnumbin)
        levelvec(1)=func(xlow)+func(xup)
        do i=1,tpnumbin-1
            x=xlow+dble(i) * h
            levelvec(1)=levelvec(1)+2.0d0 * func(x)
        end do
        levelvec(1)=levelvec(1) * h/2.0d0
```

```
! 开始 Romberg 积分,计算更高代数精度的积分值
    do i=1,m-1
        nextorder=levelvec(i+1)
        error=(levelvec(i)-prelevel)/(4.0d0 * * i-1.0d0)
        levelvec(i+1)=levelvec(i)+error
        prelevel=nextorder
    end do
    end do
    quadrature=levelvec(mlevel)
end subroutine
```

　　程序一开始根据格点数目 nbin+1 确定能够得到最高多少次代数精度的积分公式。然后从最简单的 2 格点 1 区间开始,做复化梯形积分($m=1$),增加节点,将积分区间拆分,重新做复化梯形积分,并根据式(6.62)不断往上迭代,得到更准确的积分值。

　　为测试复化梯形积分、复化 Simpson 积分和 Romberg 积分的计算精度,下面给出了其主程序。

```
program main
    use Comphy_Calculus
    implicit none
    integer:: nbin,icycle
    real * 8:: a,b
    real * 8:: Trapezoid,TrapezoidError,Simpson,SimpsonError,Romberg,RombergError
    external:: func

    print "(a)","Integral of function f(x)=4.0d0/(1.0d0+x^2)"
    print "(/,a)","Stepsize Trapezoid error Simpson error Romberg error"
    a=0.0d0; b=1.0d0
    do icycle=1,5
! 设定节点数目
        nbin=2 * * icycle
! 复化梯形积分
        call RepeatedTrapezoid(func,0.0d0,1.0d0,nbin,Trapezoid,TrapezoidError)
! 复化 Simpson 积分
        call RepeatedSimpson(func,0.0d0,1.0d0,nbin,Simpson,SimpsonError)
! Romberg 积分
        call RombergIntegration(func,0.0d0,1.0d0,nbin,Romberg,RombergError)
```

```
! 输出积分值和相应误差
    print "(i5,6X,4(f8.3,e9.1e2,1x),f8.3)",nbin,Trapezoid,TrapezoidError,&
              Simpson,SimpsonError,Romberg,RombergError
  end do
  print *
end subroutine

function func(x)
  implicit none
  real*8,intent(in):: x
  real*8:: func
  func=4.0d0/(1.0d0+x**2)
end function
```

在程序中使用了上述三种算法计算函数 $f(x)=4/(1+x^2)$ 在区间 $[0,1]$ 内的积分值(理论值为 π),因为复化 Simpson 积分最少需要三点,所以最初求积的子区间数目设定为 2 个,然后不断对半拆分,每一次拆分后都用三种算法同时计算积分值。计算结果如图 6-2 所示。

```
■ C:\Windows\system32\cmd.exe
Integral of function f(x)=4.0d0/(1.0d0+x^2)

Bin    Trapezoid    error   Simpson    error   Romberg    error
  2       3.100   0.3E-01   3.133   0.8E-01   3.133   0.3E-01
  4       3.131   0.1E-01   3.142   0.5E-03   3.142   0.5E-03
  8       3.139   0.3E-02   3.142   0.2E-05   3.142  -0.8E-05
 16       3.141   0.7E-03   3.142   0.1E-07   3.142   0.3E-07
 32       3.141   0.2E-03   3.142   0.2E-09   3.142  -0.1E-10
```

图 6-2　复化梯形积分、复化 Simpson 积分和 Romberg 积分计算结果

通过比较可以发现,随着节点数目的增加,积分步长的减少,三种算法的计算结果都越来越准确。但总体而言,Romberg 积分误差最小,复化梯形积分误差最大,复化 Simpson 积分则处于两者之间。不过,Romberg 积分虽然性能很好,但它需要从最少的子区间数目开始(2 区间)迭代至当前实际子区间数目(nbin),计算量较大。因此综合来看,复化 Simpson 积分计算效率最高。

第 5 节　Gauss 积分

再次回到机械积分的内容,被积函数 $f(x)$ 在一个区间内的定积分值,可以用它在不同节点上的原函数值加权得到,即

$$\int_a^b f(x)\mathrm{d}x = \sum_{i=0}^n A_i f(x_i) \tag{6.63}$$

在插值积分和复化积分两小节中,都设定区间内的求积节点均匀分布,即节点位置 x_i 已知,这样待定参数只有加权系数 A_i,因此,在保证式(6.63)具有 k 次代数精度的前提下,求积节点数目或 A_i 的数目至少要有 $k+1$ 个。那么如果节点位置 x_i 也作为待定参数呢? 求积节点可以减少为 $(k+1)/2$。或者反过来说,如果都对 $k+1$ 个节点积分,节点位置确定的插值积分最少到 k 次代数精度,而节点位置待定的积分算法则可以到 $2k+1$ 次,显然后者要准确很多。这种需要计算求积节点的积分算法称为 Gauss 积分,对应的求积节点称为 Gauss 点。

以两点 Gauss 积分为例($k=1$),积分区间为 $[-1,1]$,按照上面的分析,它最多可以具有 $2k+1=3$ 次代数精度,分别令被积函数 $f(x)$ 为 x^0,x^1,x^2,x^3,代入上面的公式,有如下 4 个方程,即

$$
\begin{cases}
\int_{-1}^{1} x^0 \, \mathrm{d}x = b-a = x_0^0 A_0 + x_1^0 A_1 \\
\int_{-1}^{1} x^1 \, \mathrm{d}x = \dfrac{b^2-a^2}{2} = x_0^1 A_0 + x_1^1 A_1 \\
\int_{-1}^{1} x^2 \, \mathrm{d}x = \dfrac{b^3-a^3}{3} = x_0^2 A_0 + x_1^2 A_1 \\
\int_{-1}^{1} x^3 \, \mathrm{d}x = \dfrac{b^4-a^4}{4} = x_0^3 A_0 + x_0^3 A_1
\end{cases}
\tag{6.64}
$$

解该方程组,得到两个求积节点 $x_0 = -0.577,\, x_1 = 0.577$(Gauss 点),以及两个加权系数 $A_0 = A_1 = 1$。

因为上面的方程组并不是简单的线性方程组,所以一旦节点数目增多,则计算节点 x_i 和系数 A_i 会越来越困难。为此,我们给出一个定理。区间 $[-1,1]$ 内的 $n+1$ 个节点 $x_0, x_1, \cdots, x_n$ 是 Gauss 点的充分必要条件是,这些节点对应的 $n+1$ 次多项式 $\omega(x) = (x-x_0)(x-x_1)\cdots(x-x_n)$ 能够与任何不高于 n 次的多项式 $P(x)$ 正交,即满足式

$$
\int_{-1}^{1} \omega(x) P(x) \, \mathrm{d}x = \int_{-1}^{1} (x-x_0)(x-x_1)\cdots(x-x_n) P(x) \, \mathrm{d}x = 0 \tag{6.65}
$$

这里只做简单证明。先来看必要性,如果 $x_0, x_1, \cdots, x_n$ 已经是 Gauss 点,则可以直接用式(6.63)来得到积分值

$$
\int_{-1}^{1} \omega(x) P(x) \, \mathrm{d}x = \sum_{i=0}^{n} A_i \omega(x_i) P(x_i) \tag{6.66}
$$

因为 $n+1$ 个节点都是多项式方程 $\omega(x)=0$ 的根,所以上式为零,多项式 $\omega(x)$ 与 $P(x)$ 正交,必要条件成立。

再来看充分性。如果 n 次多项式 $\omega(x)$ 与任意不高于 n 次的多项式 $P(x)$ 正交(据此可求出 $\omega(x)$ 中的根 $x_0, x_1, \cdots, x_n$),而且它们和另外一个任意多项式 $r(x)$(最多 n 次)可以组合成一个最高 $2n+1$ 次的多项式 $f(x)$,即

$$
f(x) = P(x)\omega(x) + r(x) \tag{6.67}
$$

对该多项式积分,并利用其正交性,有

$$\int_{-1}^{1} f(x)\,\mathrm{d}x = \int_{-1}^{1} (\omega(x)P(x) + r(x))\,\mathrm{d}x = \int_{-1}^{1} r(x)\,\mathrm{d}x \tag{6.68}$$

再次套用式(6.63),并尝试设定所有求积节点为 $\omega(x)$ 的根 $x_0, x_1, \cdots, x_n$,即

$$\int_{-1}^{1} f(x)\,\mathrm{d}x = \int_{-1}^{1} r(x)\,\mathrm{d}x = \sum_{i=0}^{n} A_i r(x_i) \tag{6.69}$$

这样,只要分别令被积函数 $r(x)$ 为简单的多项式 $f(x) = x^0, x^1, \cdots, x^n$,即可以得到一个线性方程组($n+1$ 个方程),据此可以解得 $n+1$ 个加权系数 A_i。因为 $\omega(x)$ 在根的位置 $x_0, x_1, \cdots, x_n$ 处都是零,故由式(6.67)可知,式(6.69)中任意 n 次多项式 $r(x)$ 可以直接被替换为 $2n+1$ 次多项式 $f(x)$,最终保证了积分公式(6.63)成立(代数精度为 $2n+1$ 次),这要比前面的方法,把求积节点 x_i 和加权系数 A_i 放在一起解 $2n+2$ 个方程要简单得多。到这里,已经证明了 $\omega(x)$ 的根 $x_0, x_1, \cdots, x_n$ 必定是 Gauss 点,即充分条件成立。

现在,Gauss 积分公式中确定加权系数 A_i 不是问题,关键在于如何确定 Gauss 点,上面的定理说明,只要找到一个 $n+1$ 次多项式 $\omega(x) = (x-x_0)(x-x_1)\cdots(x-x_n)$,令它与任何不高于 n 次的多项式正交,那么方程 $\omega(x) = 0$ 的所有根都是 Gauss 点。这里直接给出该多项式(证明从略)

$$\omega(x) = \frac{(n+1)!}{(2n+2)!} \frac{\mathrm{d}^{n+1}}{\mathrm{d}x^{n+1}} [(x^2-1)^{n+1}] \tag{6.70}$$

它被称为 Legendre 多项式。比如 $n=0$,即单点 Gauss 积分,则 $\omega(x) = x$,可知 Gauss 点 $x_0 = 0$,根据上面的讨论,设式(6.69)中的 $r(x) = x^0$,求得加权系数 A_0 为

$$\int_{-1}^{1} r(x)\,\mathrm{d}x = \int_{-1}^{1} x^0\,\mathrm{d}x = 2 = A_0 \tag{6.71}$$

由此确定单点 Gauss 积分公式(中心矩形积分,$2n+1 = 1$ 次代数精度)为

$$\int_{-1}^{1} f(x)\,\mathrm{d}x = 2f(0) \tag{6.72}$$

再看 $n=1$ 的情形,$\omega(x) = (3x^2-1)/3$,Gauss 点为

$$x_0 = -1/\sqrt{3}, \quad x_1 = 1/\sqrt{3} \tag{6.73}$$

再设式(6.69)中的 $r(x) = x^0, x^1$,即

$$\begin{cases} \int_{-1}^{1} x^0\,\mathrm{d}x = 2 = A_0 + A_1 \\ \int_{-1}^{1} x^1\,\mathrm{d}x = 0 = -\dfrac{1}{\sqrt{3}}A_0 + \dfrac{1}{\sqrt{3}}A_1 \end{cases} \tag{6.74}$$

解得 $A_0 = 1, A_1 = 1$,最后导出两点 Gauss 积分公式为

$$\int_{-1}^{1} f(x)\,\mathrm{d}x = 0 = f\left(-\frac{1}{\sqrt{3}}\right) + f\left(\frac{1}{\sqrt{3}}\right) \tag{6.75}$$

其中的求积节点和加权系数都与本小节开始部分的计算结果一致。

如果区间$[a,b]$任意,则可以用简单的换元法将自变量x换成t,即

$$x=\frac{(a+b)+(b-a)t}{2}, \quad t\in[-1,1], x\in[a,b] \tag{6.76}$$

这样积分变量就被调整到了$[-1,1]$的区间内,积分公式也要做相应变换,即

$$\int_a^b f(x)\mathrm{d}x = \frac{b-a}{2}\int_{-1}^1 f\left(\frac{a+b}{2}+\frac{b-a}{2}t\right)\mathrm{d}t \tag{6.77}$$

然后就可以用前面推导的 Gauss 积分公式计算任意区间内的定积分了。

借鉴上一小节的复化积分方法,可以对任意区间做复化两点 Gauss 积分,以下是程序代码。

```
! 复化 Gauss 积分
subroutine RepeatedGauss(func,xlow,xup,nbin,quadrature,error)
  real * 8,intent(in):: xlow,xup
  integer,intent(in):: nbin
  real * 8,intent(out):: quadrature,error
  real * 8:: func,x,f0,f1,tpquadrature,h,a,b
  integer:: i
  external:: func
! 计算 nbin 个区间对应的步长 h
  h=(xup-xlow)/dble(nbin)
  quadrature=0.0D0; tpquadrature=0.0d0
  do i=1,nbin
! 将当前区间变换到[-1,1]
    a=xlow+dble(i-1) * h; b=xlow+dble(i) * h
! 分别计算两个 Guass 点上的函数值
    x=(a+b) * 0.5d0+h * 0.5d0 * (-1.0d0/sqrt(3.0d0))
    f0=func(x)
    x=(a+b) * 0.5d0+h * 0.5d0 * (1.0d0/sqrt(3.0d0))
    f1=func(x)
! 计算步长为 h 的 Guass 积分
    quadrature=quadrature+(f0+f1) * h/2.0d0
! 计算步长为 2h 的 Guass 积分
    if (mod(i,2)==0) then
      a=xlow+dble(i-2) * h; b=xlow+dble(i) * h
      x=(a+b) * 0.5d0+2.0d0 * h * 0.5d0 * (-1.0d0/sqrt(3.0d0))
      f0=func(x)
      x=(a+b) * 0.5d0+2.0d0 * h * 0.5d0 * (1.0d0/sqrt(3.0d0))
      f1=func(x)
      tpquadrature=tpquadrature+(f0+f1) * 2.0d0 * h/2.0d0
```

```
    end if
  end do
! 事后误差估计
  error＝(quadrature－tpquadrature)/15.0d0
end subroutine
```

　　程序中同样使用了事后误差估计计算复化 Gauss 积分的误差，因为两点 Gauss 积分具有三次代数精度，与 Simpson 积分一致，所以计算误差仍采用式(6.59)。另外，由于 Gauss 求积节点并不处于均匀分布的格点上，所以与复化梯形积分和复化 Simpson 积分相比，这里的事后误差计算需要消耗更多的计算时间。

　　为测试复化 Gauss 积分的性能，同样计算了函数 $f(x)＝4/(1+x^2)$ 在区间 $[0,1]$ 内的定积分值，子区间从 2 个逐步增加到 32 个，计算结果如图 6-3 所示。

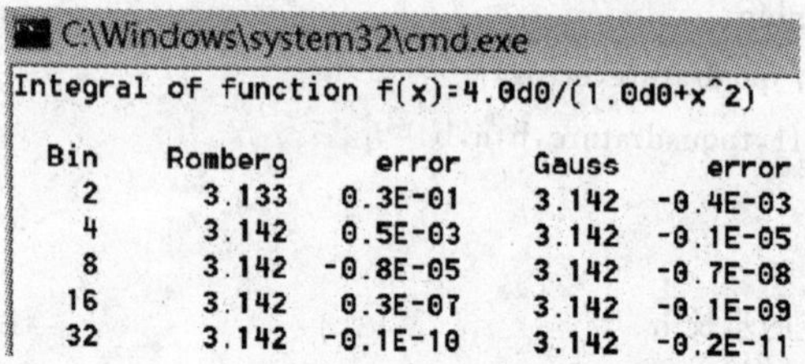

```
C:\Windows\system32\cmd.exe

Integral of function f(x)=4.0d0/(1.0d0+x^2)

Bin    Romberg     error     Gauss      error
 2     3.133      0.3E-01    3.142    -0.4E-03
 4     3.142      0.5E-03    3.142    -0.1E-05
 8     3.142     -0.8E-05    3.142    -0.7E-08
16     3.142      0.3E-07    3.142    -0.1E-09
32     3.142     -0.1E-10    3.142    -0.2E-11
```

图 6-3　Romberg 积分和复化 Gauss 积分的计算结果

　　为便于比较，图 6-3 中同时给出了上一小节中表现最好的 Romberg 积分结果，可以发现，当格点数目相同时，复化 Gauss 积分更为准确。因此，如果被积函数 $f(x)$ 可以在均匀分布的格点以外区域采样，使用复化 Gauss 积分算法是理想选择。

第七章　微 分 方 程

很多物理定律都需要用常微分方程或偏微分方程来描述,如研究质点运动需要牛顿第二定律,研究原子轨道需要薛定谔方程,研究电磁波传播需要麦克斯韦方程组,等等,它们无一例外都与微分方程有关。本章介绍这一类方程的数值解法。

先准备好以下主程序文件 Main. f90。

```
program main
  use Comphy_ODE
  implicit none
  real * 8:: h
  integer:: nstep,istep,imethod
  real * 8:: xn,yn,fn,yreal,error,inixn,iniyn
  real * 8:: preyn,prefn,xn2,yn2,preyn2,prefn2,tpy
  real * 8:: mfn(-3:1),mfn2(-3:1)
  interface
    subroutine getODEInfo(x,y,f)
      real * 8,intent(in):: x
      real * 8,intent(inout):: y
      real * 8,intent(out),optional:: f
    end subroutine
  end interface

! 定义迭代初值,迭代步长和迭代步数
  print "(a)","Ordinary Differential Equation dy/dx=exp(x)+y"
  write( * ,"(/,'Input step size:',$)"); read( * , * ) h
  write( * ,"(/,'Input step number:',$)"); read( * , * ) nstep
  inixn=0.0d0; iniyn=0.0d0; error=0.0d0
  do
! 选择算法
    print *
    print "(a)","All methods"
    print * ,"1: Basic Euler Method"              ! 基本欧拉法
    print * ,"2: Improved Euler Method"           ! 改进欧拉法
    print * ,"3: Leap Frog Method"                ! 蛙跳算法
    print * ,"4: Simpson Method"                   ! Simpson 算法
```

```
    print * ,"5：Runge-Kutta Method (four order)"            ! 四阶 Runge-Kutta 方法
    print * ,"6：Multistep Method (four step)"               ! 四步线性多步法
    write ( * ,"(/,'Select method：',$)")；read( * ,"(i8)") imethod
    print *
    print "(a)"," x     y      yn      y—yn      posteriori"
! 开始迭代
    xn＝inixn；yn＝iniyn；error＝0.0d0
do istep＝1,nstep
    xn2＝xn；yn2＝yn
! ＝＝＝＝＝＝＝＝＝＝调用算法解常微分方程
    select case(imethod)
    case default
      exit
    end select
! ＝＝＝＝＝＝＝＝＝＝
! 计算微分方程的解析解
    call getODEInfo(xn,yreal)
! 输出解析解以及各类算法的数值解
    if (mod(istep,20)＝＝0) print "(3f8.3,2e11.1e2)",xn,yreal,yn,yreal-yn,error
   end do
  end do
end program
```

该主程序设定了求解微分方程需要的初值(inixn)、步长(h)、步数(nstep)等参数，并列举了以后会涉及的所有常微分方程算法，开始部分的接口 getODEInfo 用来定义常微分方程的具体形式。另外，还需要准备一个模块文件放置各类算法的实现代码。

```
module Comphy_ODE
implicit none
contains

end module
```

第1节 单步方法

如果一个方程含有某个函数对其自变量的导数或偏导数，它就被定义为微分方程，比如如下形式

$$\frac{d^n y(x)}{dx^n} = f(x, y(x)) \tag{7.1}$$

　　所谓求解微分方程,就是解出该方程中被求导函数 $y(x)$ 的形式。注意方程右边的函数 $f(x,y(x))$ 的形式已经给定,它既可以包含自变量 x,也可以包含待求解的函数 $y(x)$。因为微分方程中需要对函数 $y(x)$ 求 n 阶导数,且仅有一个自变量 x,因此它属于 n 阶常微分方程。相应地,如果方程中的函数 $y(x)$ 需要对多个自变量求最高 n 阶偏导数,则称其为 n 阶偏微分方程。

　　这样的微分方程,只有简单形式下才能得出解析解,如方程

$$\frac{\mathrm{d}y(x)}{\mathrm{d}x} = y(x) \tag{7.2}$$

它的解是 $y(x) = \mathrm{e}^x + c(c$ 为常数$)$,这还需要借助于常用微积分公式,而对于一般的微分方程,要解出函数 $y(x)$ 的形式是非常困难的,只能使用数值算法得到方程的数值解。虽然不同的算法有着各自的计算思路,但都有一个共同点,即总是从自变量 x 的初值 x_0 和函数初值 $y(x_0)$ 开始,沿着均匀分布的离散格点 $x_0, x_1, \cdots$ 逐步迭代,依此计算出所有格点上的函数值,即

$$\begin{cases} x_0 \rightarrow x_1 \rightarrow \cdots \rightarrow x_n \\ y_0 \rightarrow y_1 \rightarrow \cdots \rightarrow y_n \end{cases} \tag{7.3}$$

前后两个格点之间的差值 $h = |x_{i+1} - x_i|$ 称为步长,h 越小,则结果越精确。

　　现在专门来介绍一阶常微分方程的数值算法,掌握了它的计算方法以后,更复杂的高阶常微分方程或偏微分方程都可以在此基础上求解。

　　首先来看一个相当简单的方法,它将常微分方程改造成积分形式,即

$$y(x_{n+1}) - y(x_n) = \int_{x_n}^{x_{n+1}} f(x, y(x)) \mathrm{d}x \tag{7.4}$$

然后使用左矩形积分,基于格点 x_n 和相应函数值 y_n,解出下一个格点 x_{n+1} 上的函数值 y_{n+1},即

$$\begin{cases} y_{n+1} = y_n + hf(x_n, y_n) + O(h^2) \\ y_0 = y(x_0) \end{cases} \tag{7.5}$$

该算法称为基本欧拉法。由于其中 y_{n+1} 的表达式已经直接给出,称该公式为显式公式。它的误差值可以由事后误差公式计算。

　　具体过程是这样的,从格点 x_n 出发,先分别基于步长为 h 和 $h/2$ 解常微分方程,得到格点 x_{n+1} 上的数值解 $y_{n+1}(h)$ 和 $y_{n+1}(h/2)$,则相应误差为

$$\begin{cases} R(h) = y - y_{n+1}(h) \\ R(h/2) = y - y_{n+1}(h/2) \end{cases} \tag{7.6}$$

式中的变量 y 是解析解。将两个方程相除,并定义为常数 ρ,即

$$\rho = \frac{R(h)}{R(h/2)} = \frac{y - y_{n+1}(h)}{y - y_{n+1}(h/2)} \tag{7.7}$$

整理一下,可以有 y 表达式为

$$y = \frac{\rho}{\rho - 1} y_{n+1}(h/2) - \frac{1}{\rho - 1} y_{n+1}(h) \tag{7.8}$$

把这一数值作为真值导入式(6.52)中的第 1 个式子,事后误差估计为

$$R(h)=\frac{\rho}{\rho-1}y_{n+1}(h/2)-\frac{1}{\rho-1}y_{n+1}(h)-y_{n+1}(h)=\frac{\rho}{\rho-1}(y_{n+1}(h/2)-y_{n+1}(h))$$

$$(7.9)$$

因为这里是左矩形积分

$$\rho=\frac{R(h)}{R(h/2)}=\frac{O(h^2)}{O((h/2)^2)}=2 \qquad (7.10)$$

代入式(7.9),得到基本欧拉法在步长为 h 时的事后误差为

$$R(h)=2(y_{n+1}(h/2)-y_{n+1}(h)) \qquad (7.11)$$

实现程序代码如下。

```
! 基本欧拉法解常微分方程
subroutine ODEBasicEuler(xn,yn,h)
  real * 8,intent(in):: h
  real * 8,intent(inout):: xn,yn
  real * 8:: fn
! 调用常微分方程定义子程序,计算格点 xn 上的导数 f(xn,yn)
  call getODEInfo(xn,yn,fn)
! 左矩形积分,计算格点 x(n+1)上的解 y(n+1)
  yn= yn+h * fn
  xn= xn+h
end subroutine
```

执行该算法需要 3 个参数,分别是格点坐标 xn、格点函数 yn 和迭代步长 h。这里的格点坐标 xn 会随着迭代步数的增加而不断递增。同时,主程序中还需加入以下调用语句,并计算事后误差。

```
! ==========调用算法解常微分方程
        select case(imethod)
        case (1)
! 基本欧拉法解微分方程(步长 h)
        call ODEBasicEuler(xn,yn,h)
! 为计算误差,设步长为 h/2,再次解常微分方程
        call ODEBasicEuler(xn2,yn2,0.5d0 * h)
        call ODEBasicEuler(xn2,yn2,0.5d0 * h)
! 事后误差估计
        error= error+2.0d0 * (yn2-yn)
      case default
        exit
      end select
! ==========
```

现在,以常微分

$$\begin{cases} \dfrac{\mathrm{d}y}{\mathrm{d}x} = e^x + y \\ y(0) = 0 \end{cases} \tag{7.12}$$

方程为例,检验基本欧拉法。先编写一个定义常微分方程的子程序 getODEInfo。当输入参数只有 x,y 时,该子程序会返回常微分方程的解析解 $y(x) = xe^x$,以此作为验证各类数值算法优劣的标准。如果输入参数中还包含可选参数 f,则返回 $y(x)$ 的导数值 $f = \mathrm{d}y/\mathrm{d}x = e^x + y$。

```
! 定义常微分方程  dy/dx＝exp(x)＋y
subroutine getODEInfo(x,y,f)
   real * 8,intent(in):: x
   real * 8,intent(inout):: y
   real * 8,intent(out),optional:: f
   if (.not. present(f)) then
! 若没有输入参数 f,则输出微分方程解析解
      y＝x * exp(x)
   else
! 若有输入参数 f,则输出微分方程右侧函数 f(x,y)
      f＝exp(x)＋y
   end if
end subroutine
```

计算结果如图 7-1 所示。

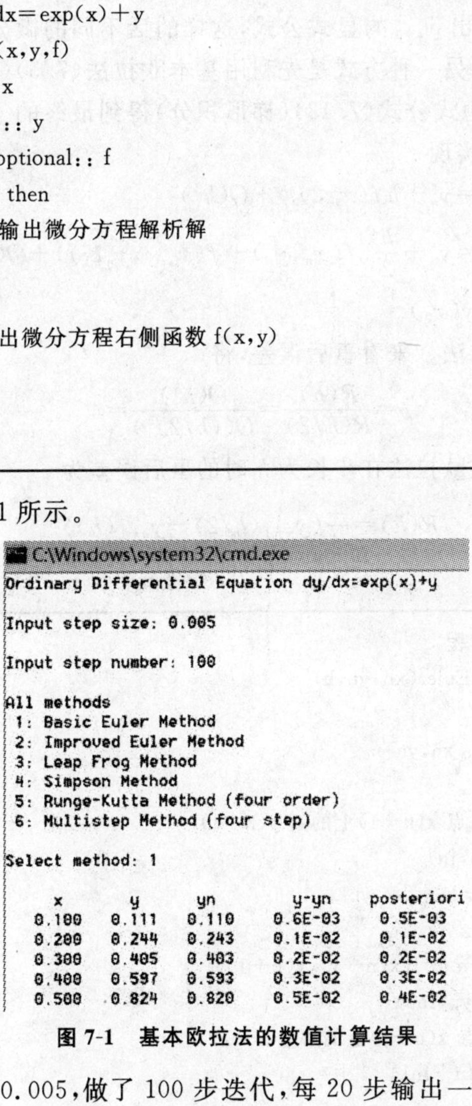

图 7-1　基本欧拉法的数值计算结果

这里步长 h 设为 0.005,做了 100 步迭代,每 20 步输出一次计算结果。可以发现数值解 y_n(第 3 列)与解析解 y(第 2 列)比较吻合,而且事后误差(第 5 列)也与绝

对误差(第 4 列)在一个数量级,这一点非常重要,因为一般情形下是无法知道解析解的。事后误差是了解计算结果可靠性的最有效方式。如果到了一定步数以后,事后误差超过了一个预先设定的阈值,那么程序就没有必要再迭代下去。

类似地,也可以采用梯形积分来计算 y_{n+1},即

$$\begin{cases} y_{n+1}=y_n+\dfrac{h}{2}\big[f(x_n,y_n)+f(x_{n+1},y_{n+1})\big]+O(h^3) \\ y_0=y(x_0) \end{cases} \tag{7.13}$$

但我们发现,上面方程的右边已经包含了待求解的 y_{n+1},所以 y_{n+1} 没有办法直接计算,该公式属于隐式公式。对于这样的情况,有两种处理方式:一种是整理合并等式两边的 y_{n+1},推导出 y_{n+1} 的显式公式,这样的话不同的微分方程需要有针对性的推导过程,并不通用;另一种方式是先利用基本欧拉法(7.5)(左矩形积分)计算出 y_{n+1} 的近似值,再代入隐式公式(7.13)(梯形积分)得到最终的 y_{n+1}。这一做法无需附加推导过程,更容易实现

$$\begin{cases} \bar{y}_{n+1}=y_n+hf(x_n,y_n)+O(h^2) \\ y_{n+1}=y_n+\dfrac{h}{2}\big(f(x_n,y_n)+f(x_{n+1},\bar{y}_{n+1})\big)+O(h^3) \\ y_0=y(x_0) \end{cases} \tag{7.14}$$

这个方法称为改进欧拉法。来看事后误差,将

$$\rho=\frac{R(h)}{R(h/2)}=\frac{O(h^3)}{O((h/2)^3)}=4 \tag{7.15}$$

代入式(7.9),得到改进欧拉法在步长为 h 时的事后误差为

$$R(h)=\frac{4}{3}(y_{n+1}(h/2)-y_{n+1}(h)) \tag{7.16}$$

下面是程序代码。

```fortran
! 改进欧拉法解常微分方程
subroutine ODEImprovedEuler(xn,yn,h)
  real * 8,intent(in):: h
  real * 8,intent(inout):: xn,yn
  real * 8:: fn,fn1,tpyn
! 使用基本欧拉法计算格点 x(n+1)上的解 y(n+1)
  call getODEInfo(xn,yn,fn)
  xn=xn+h
  tpyn=yn+h * fn
! 计算格点 x(n+1)上的导数 f(x(n+1),y(n+1))
  call getODEInfo(xn,tpyn,fn1)
! 梯形积分,重新计算格点 x(n+1)上的解 y(n+1)
  yn=yn+0.5d0 * h * (fn+fn1)
end subroutine
```

在主程序中加上以下调用语句。

```
! ==========调用算法解常微分方程
        select case(imethod)
        case（2）
! 改进欧拉法解微分方程(步长 h)
        call ODEImprovedEuler(xn,yn,h)
! 为计算误差,设步长为 h/2,再次解常微分方程
        call ODEImprovedEuler(xn2,yn2,0.5d0 * h)
        call ODEImprovedEuler(xn2,yn2,0.5d0 * h)
! 事后误差估计
        error＝error＋(4.0d0/3.0d0) * (yn2－yn)
```

图 7-2 所示的是解同样的常微分方程 $dy/dx = e^x + y$ 的结果（步长、步数都相等），第 4 列仍然是与理论值之间的绝对误差，第 5 列是事后误差。我们发现与基本欧拉法相比，改进欧拉法的误差小了 3 个数量级，可靠性大大增加。

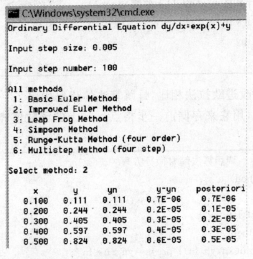

图 7-2　改进欧拉法的数值计算结果

第 2 节　多步方法

前面介绍的基本欧拉法和改进欧拉法虽然分属显式公式和隐式公式，但有一个共同特点，即每一步迭代时都只用到了当前格点 x_n 上的信息，所以它们都可以被归为单步方法。推广开来，解常微分方程也可以用多步方法，即迭代中除了用当前格点，也可以用之前的格点，如 x_{n-1}、x_{n-2} 等。这样多步整合得到的公式称为多步方法。比如用中心矩形积分来解方程，积分区间设为 $[x_{n-1}, x_{n+1}]$，因此为计算下一个格点

x_{n+1} 上的 y_{n+1}，需要从格点 x_{n-1} 开始计算

$$\begin{cases} y_{n+1} = y_{n-1} + 2hf(x_n, y_n) + O(h^3) \\ y_0 = y(x_0) \end{cases} \tag{7.17}$$

该迭代公式也称为蛙跳算法（leap-frog 算法）。因为它与改进欧拉法同样具有 3 阶精度，所以也可以采用同样的事后误差公式，即

$$R(h) = \frac{4}{3}(y_{n+1}(h/2) - y_{n+1}(h)) \tag{7.18}$$

实现程序代码如下。

```
! 蛙跳算法解常微分方程
subroutine ODELeapFrog(xn,yn,h,preyn)
  real * 8,intent(in):: h
  real * 8,intent(inout):: xn,yn,preyn
  real * 8:: fn,tpy
! 计算格点 x(n)上的导数 f(x(n),y(n))
  call getODEInfo(xn,yn,fn); tpy=yn
! 使用中心矩形积分,计算格点 x(n+1)上的解 y(n+1)
  yn=preyn+2.0d0 * h * fn
  xn=xn+h; preyn=tpy
end subroutine
```

与基本欧拉法和改进欧拉法相比,蛙跳算法的代码中多了一个参数 preyn,这是根据多步方法的要求,用它来存储前一步格点 x_{n-1} 上的函数值 y_{n-1}。主程序中的调用语句如下。

```
! ==========调用算法解常微分方程
      select case(imethod)
      case (3)
! 蛙跳算法解微分方程(步长 h)
      if (istep==1) then
          call getODEInfo(xn,yn,fn); preyn=yn-h * fn
      end if
      call ODELeapFrog(xn,yn,h,preyn)
! 为计算误差,设步长为 h/2,再次解常微分方程
      if (istep==1) then
          call getODEInfo(xn2,yn2,fn); preyn2=yn2-0.5d0 * h * fn
      end if
      call ODELeapFrog(xn2,yn2,0.5d0 * h,preyn2)
      call ODELeapFrog(xn2,yn2,0.5d0 * h,preyn2)
! 事后误差估计
      error=error+(4.0d0/3.0d0) * (yn2-yn)
```

因为初次迭代时并不知道 y_{n-1}，所以一开始要借助基本欧拉法，逆向求得 y_{n-1}，然后才开始执行蛙跳算法。同样来求解前面给出的常微分方程 $dy/dx = e^x + y$，结果显示蛙跳算法比基本欧拉法要准确很多，但比改进欧拉法稍差，这是由于这里的中心矩形积分区间实际上是 $2h$，是改进欧拉法积分区间宽度的 2 倍，如图 7-3 所示。不过，蛙跳算法也有一个优势，它属于显式公式，计算量比采用隐式公式的改进欧拉法的要少一半。

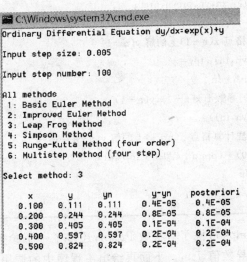

图 7-3　蛙跳算法的数值计算结果

再来看另外一种多步方法。用 Simpson 积分公式来解常微分方程，因为它是三点积分，所以为了计算 y_{n+1}，同样要用到前一步格点 x_{n-1} 的信息

$$y(x_{n+1}) - y(x_{n-1}) = \int_{x_{n-1}}^{x_{n+1}} f(x, y(x)) dx = \frac{h}{3}(f(x_{n-1}, y_{n-1})$$
$$+ 4f(x_n, y_n) + f(x_{n+1}, y_{n+1})) \tag{7.19}$$

显然，方程右边再次包含待求解的 y_{n+1}，所以它属于隐式公式，与改进欧拉法一样，我们仍旧先用左矩形积分算出 y_{n+1} 的近似值，再代入 Simpson 积分公式得到最终的 y_{n+1}，即

$$\begin{cases} \bar{y}_{n+1} = y_n + hf(x_n, y_n) + O(h^2) \\ y_{n+1} = y_{n-1} + \frac{h}{3}[f(x_{n-1}, y_{n-1}) + 4f(x_n, y_n) + f(x_{n+1}, \bar{y}_{n+1})] + O(h^5) \\ y_0 = y(x_0) \end{cases} \tag{7.20}$$

为计算误差，将变量

$$\rho = \frac{R(h)}{R(h/2)} = \frac{O(h^5)}{O((h/2)^5)} = 16 \tag{7.21}$$

代入式(7.9)，得到 Simpson 算法在步长为 h 时的事后误差为

$$R(h) = \frac{16}{15} [y_{n+1}(h/2) - y_{n+1}(h)] \tag{7.22}$$

下面是 Simpson 算法的程序代码。

```
! Simpson 法解常微分方程
subroutine ODESimpson(xn,yn,h,preyn,prefn)
  real*8,intent(in):: h
  real*8,intent(inout):: xn,yn,preyn,prefn
  real*8:: fn,fn1,tpy
! 使用基本欧拉法计算格点 x(n+1)上的解 y(n+1)
  call getODEInfo(xn,yn,fn); tpy=yn
  xn=xn+h; yn=yn+h*fn
! 计算格点 x(n+1)上的导数 f(x(n+1),y(n+1))
  call getODEInfo(xn,yn,fn1)
! 使用 Simpson 积分方法计算格点 x(n+1)上的解 y(n+1)
  yn=preyn+(h/3.0d0)*(prefn+4.0d0*fn+fn1)
  preyn=tpy; prefn=fn
end subroutine
```

子程序中 ODESimpson 除了有参数 Preyn,还多了一个参数 prefn,它用来存储前一步格点 x_{n-1} 上的导数值 f_{n-1}。下面再给出主程序中的调用语句,与蛙跳算法一样,同为多步方法的 Simpson 算法也不能自行启动。在开始迭代时,先逆向使用改进欧拉法得到 y_{n-1} 和 f_{n-1},之后再正常执行 Simpson 算法。

```
! ==========调用算法解常微分方程
        select case(imethod)
        case (4)
! Simpson 算法解微分方程(步长 h)
        if (istep==1) then
! 迭代第一步,反向使用梯形积分,得到格点 x(n-1)上的函数值和导数值
          call getODEInfo(xn,yn,fn); preyn=yn-h*fn
          call getODEInfo(xn-h,preyn,prefn); preyn=yn-0.5d0*h*(fn+prefn)
          call getODEInfo(xn-h,preyn,prefn);
        end if
        call ODESimpson(xn,yn,h,preyn,prefn)
! 为计算误差,设步长为 h/2,再次解常微分方程
        if (istep==1) then
          call getODEInfo(xn2,yn2,fn); tpy=yn2-0.5d0*h*fn
```

```
          call getODEInfo(xn2-0.5d0 * h,tpy,prefn2)
          preyn2=yn2-0.5d0 * 0.5d0 * h * (fn+prefn2)
          call getODEInfo(xn2-0.5d0 * h,preyn2,prefn2)
      end if
      call ODESimpson(xn2,yn2,0.5d0 * h,preyn2,prefn2)
      call ODESimpson(xn2,yn2,0.5d0 * h,preyn2,prefn2)
! 事后误差估计
      error=error+(16.0d0/15.0d0) * (yn2-yn)
```

最后给出 Simpson 算法解常微分方程 $dy/dx=e^x+y$ 的结果，如图 7-4 所示。从误差数据来看，它是目前四种算法中结果最为准确的，不过误差数量级与改进欧拉法的一样，并没有第六章中 Simpson 积分与梯形积分那么大的区别，原因在于 Simpson 算法用到的是隐式公式，必须先使用基本欧拉法之类的显式公式做预测，这就降低了 Simpson 算法原有的精度。

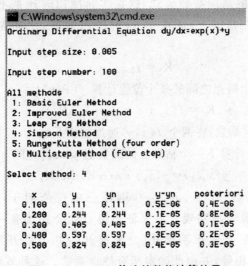

图 7-4 Simpson 算法的数值计算结果

第 3 节 Runge-Kutta 方法

之前提到的常微分方程算法本质上都属于积分算法，要得到更准确的结果，就需要对微分方程右边的函数 $f(x,y)$ 使用更高阶的积分公式。而本小节要介绍的算法与此不同，它用到的是泰勒展开，即令后一个格点 x_{n+1} 上的函数值 y_{n+1} 在前一个格点 x_n 上做泰勒展开

$$y(x_{n+1})=y(x_n)+hy'(x_n)+\cdots+\frac{h^k}{k!}y^{(k)}(x_n)+\frac{h^{k+1}}{(k+1)!}y^{(k+1)}(\xi), \quad \xi\in[x_n,x_{n+1}] \quad (7.23)$$

这样,只要知道了函数 y 在格点 x_n 上的高阶导数,则后一个格点 x_{n+1} 上的函数值自然可以计算出来,也就可以得到微分方程的数值解了。但是,式(7.23)中除了 y 对 x 的一阶导数 $y'(x)=f(x,y)$ 以外,其余导数并不清楚,需要在此基础上将它们一一推导出来。首先,由常微分方程的定义式给出函数 y 在格点 x_n 上的一阶导数

$$y'(x_n)=f(x_n,y_n) \tag{7.24}$$

然后求 y 对 x 的二阶导数

$$y''(x_n)=\frac{\partial f(x_n,y_n)}{\partial x_n}+\frac{\partial f(x_n,y_n)}{\partial y_n}y'(x_n)=f_x(x_n,y_n)+f_y(x_n,y_n)f(x_n,y_n) \tag{7.25}$$

依此类推,解出高阶导数以后代入式(7.23),有

$$y(x_{n+1})=y(x_n)+hf+\frac{h^2}{2!}(f'_x+ff'_y)+\frac{h^3}{3!}(f''_{xx}+ff''_{xy}+ff''_{yx}+f^2f''_{yy}+f'_yf'_x+ff'_yf'_y)$$

$$+\cdots+\frac{h^{k+1}}{(k+1)!}y^{(k+1)}(\xi) \tag{7.26}$$

即可得下一个格点上的函数值。这一思路需要根据不同的微分方程形式准备好函数 $y(x)$ 或 $f(x,y)$ 的高阶导数公式,这在实际使用时还是不方便。为此,可以在多个位置(不一定在格点上)计算 $f(x,y)$ 的函数值,比如先在格点 x_n 上计算 $f(x,y)$

$$K_1=f(x_n,y_n) \tag{7.27}$$

再在当前格点和下一个格点之间的某个位置计算 $f(x,y)$

$$K_2=f(x_n+a_2h,y_n+b_{21}hK_1) \tag{7.28}$$

这里的 a_2、b_{21} 都是待定系数,将两个 $f(x,y)$ 通过加权系数 c_1、c_2 整合起来,用以替换泰勒展开公式(7.26),计算下一个格点上的函数值 $y(x_{n+1})$,即

$$y(x_{n+1})=y(x_n)+h(c_1K_1+c_2K_2) \tag{7.29}$$

只要确定了所有的系数(c_1、c_2、a_2、b_{21}),则该公式仅依赖于 $f(x,y)$,不依赖于 $f(x,y)$ 的高阶导数,很容易实现。为保证替换后的公式具有一定的精度,同样将上面的公式在格点 x_n 上做泰勒展开(二元展开),并令展开后的各项系数与式(7.26)中的系数一一相等,并由此确定所有待定系数。这种算法称为 Runge-Kutta 方法。另外,由于它只包含格点 x_n 上的数据,所以也可以被归为第一小节介绍的单步方法。

注意,式(7.29)中总共有 4 个待定系数,而式(7.26)中 $y^{(1)}(x_n)$(即函数 y 对 x 的一阶导数)含有一项,$y^{(2)}(x_n)$ 含有两项,$y^{(3)}(x_n)$ 含有六项,因此式(7.29)最多能保证算法具有二阶精度,称为二阶 Runge-Kutta 方法。为确定具体的系数值,将式(7.29)做二元一阶泰勒展开

$$y(x_{n+1})=y(x_n)+h[c_1f(x_n,y_n)+c_2f(x_n+a_2h,y_n+b_{21}hK_1)]$$

$$=y(x_n)+h[c_1f(x_n,y_n)+c_2f(x_n,y_n)+c_2a_2hf'_x(x_n,y_n)$$

$$+c_2b_{21}hf(x_n,y_n)f'_y(x_n,y_n)]$$

$$=y(x_n)+h(c_1+c_2)f(x_n,y_n)+\frac{h^2}{2!}[c_2a_2f'_x(x_n,y_n)$$

$$+c_2b_{21}f(x_n,y_n)f'_y(x_n,y_n)] \tag{7.30}$$

令式(7.30)各项与式(7.26)中各对应项相等(也就是 $y^{(1)}(x_n)$ 和 $y^{(2)}(x_n)$ 项),即

$$\begin{cases} c_1+c_2=1 \\ c_2a=1 \\ c_2b_{21} \end{cases} \tag{7.31}$$

因为方程数目少于变量数,所以可能的系数组合有无穷多种,比如 $c_1=c_2=1/2$,$a_2=1,b_{21}=1$,这样得到的二阶 Runge-Kutta 算法公式为

$$\begin{cases} y(x_{n+1})=y(x_n)+(h/2)(K_1+K_2)+O(h^3) \\ K_1=f(x_n,y_n) \\ K_2=f(x_n+h,y_n+hK_1) \end{cases} \tag{7.32}$$

它与改进欧拉法(梯形积分)的迭代公式是一致的。

类似地,也可以建立三阶 Runge-Kutta 公式

$$\begin{cases} y(x_{n+1})=y(x_n)+h(c_1K_1+c_2K_2+c_3K_3)+O(h^4) \\ K_1=f(x_n,y_n) \\ K_2=f(x_n+a_2h,y_n+b_{21}hK_1) \\ K_3=f(x_n+a_3h,y_n+b_{31}hK_1+b_{32}hK_2) \end{cases} \tag{7.33}$$

它含有 8 个待定系数。先将 K_1 代入 K_2,对 K_2 做二元一阶泰勒展开,再将之代入 K_3,然后对 K_3 做二元一阶泰勒展开,最后把展开后的 K_1、K_2、K_3 代入 $y(x_{n+1})$,并令其与式(7.26)中 $y^{(1)}(x_n)$,$y^{(2)}(x_n)$ 和 $y^{(3)}(x_n)$ 等三项导数相等,求得所有待定系数。由此确定三阶 Runge-Kutta 公式

$$\begin{cases} y_{n+1}=y_n+\frac{h}{6}(K_1+4K_2+K_3)+O(h^4) \\ K_1=f(x_n,y_n) \\ K_2=f\left(x_n+h/2,y_n+\frac{h}{2}K_1\right) \\ K_3=f(x_n+h,y_n-hK_1+2hK_2) \end{cases} \tag{7.34}$$

同理,还可以推导出四阶 Runge-Kutta 公式

$$\begin{cases} y_{n+1}=y_n+(h/6)(K_1+2K_2+2K_3+K_4)+O(h^5) \\ K_1=f(x_n,y_n) \\ K_2=f(x_n+h/2,y_n+(h/2)K_1) \\ K_3=f(x_n+h/2,y_n+(h/2)K_2) \\ K_4=f(x_n+h,y_n+hK_3) \end{cases} \tag{7.35}$$

为计算与之对应的事后误差,先计算步长为 h 和 $h/2$ 时的余项公式的比值

$$\rho=\frac{R(h)}{R(h/2)}=\frac{O(h^5)}{O((h/2)^5)}=16 \tag{7.36}$$

代入式(7.9),得到步长为 h 时的事后误差估计为

$$R(h) = \frac{16}{15}\left[y_{n+1}(h/2) - y_{n+1}(h)\right] \tag{7.37}$$

下面是四阶 Runge-Kutta 算法实现程序代码。

```
! 四阶 RungeKutta 法解常微分方程
subroutine ODERungeKutta(xn,yn,h)
  real * 8,intent(in):: h
  real * 8,intent(inout):: xn,yn
  real * 8:: tpx,tpy,k1,k2,k3,k4
  call getODEInfo(xn,yn,k1)
  tpx=xn+0.5d0 * h; tpy=yn+0.5d0 * h * k1
  call getODEInfo(tpx,tpy,k2)
  tpx=xn+0.5d0 * h; tpy=yn+0.5d0 * h * k2
  call getODEInfo(tpx,tpy,k3)
  tpx=xn+h; tpy=yn+h * k3
  call getODEInfo(tpx,tpy,k4)
  xn=xn+h
  yn=yn+(h/6.0d0) * (k1+2.0d0 * k2+2.0d0 * k3+k4)
end subroutine
```

因为与基本欧拉法一样是单步方法,所以程序参数中仅包含当前格点数据 x_n、y_n,以及步长 h,无需保存前一步格点数据。下面的主程序负责调用算法并做事后误差估计。

```
! ==========调用算法解常微分方程
     select case(imethod)
     case (5)
! Runge-Kutta 法解微分方程(步长 h)
       call ODERungeKutta(xn,yn,h)
! Runge-Kutta 法解微分方程(步长 h/2)
       call ODERungeKutta(xn2,yn2,0.5d0 * h)
       call ODERungeKutta(xn2,yn2,0.5d0 * h)
! 事后误差估计
       error=error+(16.0d0/15.0d0) * (yn2-yn)
```

下面依然来解常微分方程 $dy/dx = e^x + y$,结果如图 7-5 所示。结果显示它比 Simpson 算法和改进欧拉法算法还要可靠,误差又小了 6 个数量级。简单的算法加可靠的结果,使得四阶 Runge-Kutta 算法被广泛使用。

```
C:\Windows\system32\cmd.exe
Ordinary Differential Equation dy/dx=exp(x)+y

Input step size: 0.005

Input step number: 100

All methods
 1: Basic Euler Method
 2: Improved Euler Method
 3: Leap Frog Method
 4: Simpson Method
 5: Runge-Kutta Method (four order)
 6: Multistep Method (four step)

Select method: 5

     x         y         yn          y-yn       posteriori
   0.100     0.111     0.111      0.1E-11      0.1E-11
   0.200     0.244     0.244      0.3E-11      0.2E-11
   0.300     0.405     0.405      0.4E-11      0.4E-11
   0.400     0.597     0.597      0.6E-11      0.5E-11
   0.500     0.824     0.824      0.9E-11      0.7E-11
```

图 7-5 四阶 Runge-Kutta 算法的数值计算结果

第 4 节 线性多步法

上一小节介绍的 Runge-Kutta 算法是单步方法的推广，它不仅要在格点上，还要在格点以外的位置计算微分方程的导数值 $f(x,y)$，比如四步 Runge-Kutta 公式中 $x=x_n+h/2$，这个位置处于格点之间的中点，对应的 $f(x,y)$ 只能另行计算，这必然增加计算量。本节来看第二小节介绍的多步方法的推广：线性多步法，它将前几步格点上的函数值 y 和导数值 $f(x,y)$ 加权组合起来，计算出下一步格点 x_{n+1} 上的 y_{n+1}，即

$$y_{n+1}=\sum_{i=0}^{r}\alpha_i y_{n-i}+h\sum_{i=-1}^{r}\beta_i f_{n-i} \tag{7.38}$$

这里 r 表示只对格点 x_{n-r} 到 x_{n+1} 的对应项加权（到下一个格点 x_{n+1} 为止一共 $r+2$ 个格点），式中 α_i 和 β_i 都是加权系数，如果 $\beta_{-1}=0$，则上述公式中不包含 f_{n+1} 项，也即不包含 y_{n+1}，这样该公式可以直接用来计算 y_{n+1}，因此属于显式公式。反之，如果 $\beta_{-1}\neq 0$，则公式中包含 y_{n+1}，它需要整理，合并方程两边的 y_{n+1} 项以后才能使用，故属于隐式公式。

以两步公式为例，它带有 5 个加权系数，即

$$y_{n+1}=\alpha_1 y_{n-1}+\alpha_0 y_n+h\beta_1 f_{n-1}+h\beta_0 f_n+h\beta_{-1} f_{n+1} \tag{7.39}$$

为得到这些加权系数的数值，且保证公式具有一定的精度，将相关格点（x_{n-1}、x_n、x_{n+1}）上的函数 y 和相应导数 $f(x,y)$ 在格点 x_n 上做泰勒展开

$$\begin{cases} y_{n-1} = y_n - hy'_n + \dfrac{h^2}{2!}y''_n - \dfrac{h^3}{3!}y_n^{(3)} + \dfrac{h^4}{4!}y_n^{(4)} - \dfrac{h^5}{5!}y_n^{(5)} + O(h^{(6)}) \\[2mm] f_{n-1} = y'_n - hy''_n + \dfrac{h^2}{2!}y_n^{(3)} - \dfrac{h^3}{3!}y_n^{(4)} + \dfrac{h^4}{4!}y_n^{(5)} + O(h^{(5)}) \\[2mm] f_n = f(x_n, y_n) = y'_n \\[2mm] f_{n+1} = y'_n + hy''_n + \dfrac{h^2}{2!}y_n^{(3)} + \dfrac{h^3}{3!}y_n^{(4)} + \dfrac{h^4}{4!}y_n^{(5)} + O(h^{(5)}) \end{cases} \tag{7.40}$$

代入式(7.39),整理合并

$$\begin{aligned} y_{n+1} = {} & (\alpha_0 + \alpha_1)y_n + (-\alpha_1 + \beta_{-1} + \beta_0 + \beta_1)hy'_n + \left(\frac{\alpha_1}{2!} + \beta_{-1} - \beta_1\right)h^2 y''_n \\ & + \left(-\frac{\alpha_1}{3!} + \frac{\beta_{-1}}{2!} + \frac{\beta_1}{2!}\right)h^3 y_n^{(3)} + \left(\frac{\alpha_1}{4!} + \frac{\beta_{-1}}{3!} - \frac{\beta_1}{3!}\right)h^4 y_n^{(4)} + O(h^6) \end{aligned} \tag{7.41}$$

令其与式(7.23)对应项相等,就可以得到具有一定精度的两步公式了,比如令 $y^{(0)}(x_n)$,$y^{(1)}(x_n)$ 和 $y^{(2)}(x_n)$ 各项相等(2 阶精度),有

$$\begin{cases} \alpha_0 + \alpha_1 = 1 \\ -\alpha_1 + \beta_{-1} + \beta_0 + \beta_1 = 1 \\ \alpha_1/2! + \beta_{-1} - \beta_1 = 1/2! \end{cases} \tag{7.42}$$

对应系数 $\alpha_0 = 1, \alpha_1 = 0, \beta_{-1} = \beta_0 = 1/2, \beta_1 = 0$,代入式(7.39),可以有两步两阶显式公式

$$y_{n+1} = y_n + \frac{h}{2}(f_n + f_{n+1}) + O(h^3) \tag{7.43}$$

它与两阶 Runge-Kutta 方法或改进欧拉法(梯形积分)是一样的。

因为两步公式中共含有 5 个加权系数,所以它最高可以令泰勒展开公式中 $y^{(0)}(x_n)$ 到 $y^{(4)}(x_n)$ 共 5 项相等,所以两步公式最高可以具有 4 阶精度,即

$$\begin{cases} \alpha_0 + \alpha_1 = 1 \\ -\alpha_0 + \beta_{-1} + \beta_0 + \beta_1 = 1 \\ \alpha_1/2! + \beta_{-1} - \beta_1 = 1/2! \\ -\alpha_1/3! + \beta_{-1}/2! + \beta_1/2! = 1/3! \\ \alpha_1/4! + \beta_{-1}/3! - \beta_1/3! = 1/4! \end{cases} \tag{7.44}$$

对应系数 $\alpha_0 = 0, \alpha_1 = 1, \beta_{-1} = \beta_1 = 1/3, \beta_0 = 4/3$,全部代入式(7.39),可以有两步四阶隐式公式,也即第二小节中讨论过的 Simpson 方法。

$$y_{n+1} = y_{n-1} + \frac{h}{3}(f_{n-1} + 4f_n + f_{n+1}) + O(h^5) \tag{7.45}$$

对于一般情形,包含了格点 x_{n-r} 到 x_n 的线性多步公式一共具有 $2r+3$ 个待定系数,其泰勒展开式至多可以令式(7.23)中 $y^{(0)}(x_n)$ 到 $y^{(2r+2)}(x_n)$ 共 $2r+3$ 项相等,也即具有 $2r+2$ 阶精度。此时所有系数需要满足以下方程

$$\begin{cases} \sum_{i=0}^{r} \alpha_i = 1 \\ \sum_{i=0}^{r} (-i)^k \alpha_i + k \sum_{i=-1}^{r} (-i)^{k-1} \beta_i = 1, \quad k = 1, 2, \cdots, 2r+2 \end{cases} \tag{7.46}$$

一般来说,步数越多结果越精确,但需要记录的格点上的函数值 y 和 $f(x,y)$ 也越多,造成程序占用的内存也越多,综合考虑,可以预先令某些系数为零。比如四步公式($r=3$),本来具有 9 个系数,这里预先设 $\alpha_1 = \alpha_2 = \alpha_3 = \beta_{-1} = 0$,这样只剩下 5 个独立的系数,只能保证泰勒展开式中 $y^{(0)}(x_n)$ 到 $y^{(4)}(x_n)$ 各项相等,解上面的方程组($k=1,2,3,4$),得到

$$\alpha_0 = 1, \quad \beta_0 = \frac{55}{24}, \quad \beta_1 = -\frac{59}{24}, \quad \beta_2 = \frac{37}{24}, \quad \beta_3 = -\frac{9}{24} \tag{7.47}$$

回代入线性多步公式(7.38),得到四步四阶显式公式

$$y_{n+1} = y_n + \frac{h}{24}(55 f_n - 59 f_{n-1} + 37 f_{n-2} - 9 f_{n-3}) + O(h^5) \tag{7.48}$$

该公式加权项中只包含格点 x_n 上的函数值 y_n,其余均是连续格点上的导数值(但不包含 f_{n+1}),这个形式与第 1、第 2 小节介绍的各类算法是类似的,称为 Adams 显式公式。也可以令 $\alpha_1 = \alpha_2 = \alpha_3 = \beta_3 = 0$,解得其余系数以后,得到四步四阶 Adams 隐式公式为

$$y_{n+1} = y_n + \frac{h}{24}(9 f_{n+1} + 19 f_n - 5 f_{n-1} + f_{n-2}) + O(h^5) \tag{7.49}$$

隐式公式包含格点 x_{n+1} 上的导数 f_{n+1},所以更为准确。但实际计算时,需要将 f_{n+1} 含有的 y_{n+1} 项做移项合并才能使用。为免去这一工作,可以先用基本欧拉公式(7.5)或者 Adams 显式公式(7.48)预测出下一个格点上的函数值 y_{n+1},再据此计算导数 $f(x,y)$(即 f_{n+1}),最后代入 Adams 隐式公式(7.49)得到校正之后的最终解 y_{n+1}。

再来看事后误差。同样先计算步长为 h 和 $h/2$ 时的余项公式的比值

$$\rho = \frac{R(h)}{R(h/2)} = \frac{O(h^5)}{O((h/2)^5)} = 16 \tag{7.50}$$

代入式(7.9),得到四步 Adams 公式的事后误差估计为

$$R(h) = \frac{16}{15}[y_{n+1}(h/2) - y_{n+1}(h)] \tag{7.51}$$

实现程序代码如下。

```
! 四步线性多步法解常微分方程
subroutine ODEMultistep(xn,yn,h,fn)
  real * 8,intent(in):: h
  real * 8,intent(inout):: xn,yn,fn(-3:1)
  integer:: i
```

```
      real * 8 : : tpy
! 计算格点 x(n)上的导数 f(x(n),y(n))
  call getODEInfo(xn,yn,fn(0))
! 先用 Adams 显式公式预测 y(n+1)
  tpy=yn+(h/24.0d0) * (55.0d0 * fn(0)−59.0d0 * fn(−1)    &
                +37.0d0 * fn(−2)−9.0d0 * fn(−3))
! 计算格点 x(n+1)上的导数 f(n+1)
  xn=xn+h; call getODEInfo(xn,tpy,fn(1))
! 用 Adams 隐式公式校正 y(n+1)
  yn=yn+(h/24.0d0) * (9.0d0 * fn(1)+19.0d0 * fn(0)         &
                −5.0d0 * fn(−1)+1.0d0 * fn(−2))
! 将格点上的导数 f(x,y)前移一位
  do i=−3,−1
    fn(i)=fn(i+1)
  end do
end subroutine
```

该程序完成了之前讨论过的先预测后校正两阶段计算过程。程序输入参数 fn 给出了之前三个格点（x_{n-3}、x_{n-2}、x_{n-1}）上的导数值，当前格点 x_n 和下一个格点 x_{n+1} 上的导数值则在程序中实时计算。注意最后所有格点上的导数值全部向前移动一位，以便为下次加权做好准备。下面是主程序部分代码。

```
! =========调用算法解常微分方程
      select case(imethod)
      case (6)
! 线性多步法解微分方程(步长 h)
        if (istep==1) then
! 迭代第一步,反向使用梯形积分,得到格点 x(−3),x(−2)和 x(−1)上的导数值
          call getODEInfo(xn,yn,mfn(0)); tpy=yn−h * mfn(0)
          call getODEInfo(xn−h,tpy,mfn(−1)); preyn=yn−0.5d0 * h * (mfn(0)+mfn(−1))
          call getODEInfo(xn−h,preyn,mfn(−1)); tpy=preyn−h * mfn(−1)
          call getODEInfo(xn−2.0d0 * h,tpy,mfn(−2)); preyn=preyn−0.5d0 * h * (mfn
          (−1)+mfn(−2))
          call getODEInfo(xn−2.0d0 * h,preyn,mfn(−2)); tpy=preyn−h * mfn(−2)
          call getODEInfo(xn−3.0d0 * h,tpy,mfn(−3)); preyn=preyn−0.5d0 * h * (mfn
          (−2)+mfn(−3))
          call getODEInfo(xn−3.0d0 * h,preyn,mfn(−3));
        end if
        call ODEMultiStep(xn,yn,h,mfn)
! 为计算误差,设步长为 h/2,再次解常微分方程
```

```
if (istep==1) then
   call getODEInfo(xn2,yn2,mfn2(0)); tpy=yn2-0.5d0*h*mfn2(0)
   call getODEInfo(xn2-0.5d0*h,tpy,mfn2(-1))
   preyn2=yn2-0.25d0*h*(mfn2(0)+mfn2(-1))
   call getODEInfo(xn2-0.5d0*h,preyn2,mfn2(-1)); tpy=preyn2-0.5d0*h*
   mfn2(-1)
   call getODEInfo(xn2-h,tpy,mfn2(-2))
   preyn2=preyn2-0.25d0*h*(mfn2(-1)+mfn2(-2))
   call getODEInfo(xn2-h,preyn2,mfn2(-2)); tpy=preyn2-0.5d0*h*mfn2(-2)
   call getODEInfo(xn2-1.5d0*h,tpy,mfn2(-3))
   preyn2=preyn2-0.25d0*h*(mfn2(-2)+mfn2(-3))
   call getODEInfo(xn2-1.5d0*h,preyn2,mfn2(-3))
end if
call ODEMultiStep(xn2,yn2,0.5d0*h,mfn2)
call ODEMultiStep(xn2,yn2,0.5d0*h,mfn2)
!事后误差估计
error=error+(16.0d0/15.0d0)*(yn2-yn)
```

与之前的多步方法，如蛙跳算法和 Simpson 算法类似，这里的四步四阶 Adams 算法同样依赖当前所在格点之前的数据，所以第一步迭代时，先反向使用改进欧拉法逆推出前三个格点上的导数值，存入数组 mfn，然后才开始往后迭代。为计算事后误差，同样的过程要分别设步长为 h 和 $h/2$ 并执行两次。

最后作为测试，再次解常微分方程 $dy/dx=e^x+y$，结果如图 7-6 所示。它的计算误差仅次于 Runge-Kutta 算法(高了 1 个数量级)，但远好于其他方法。

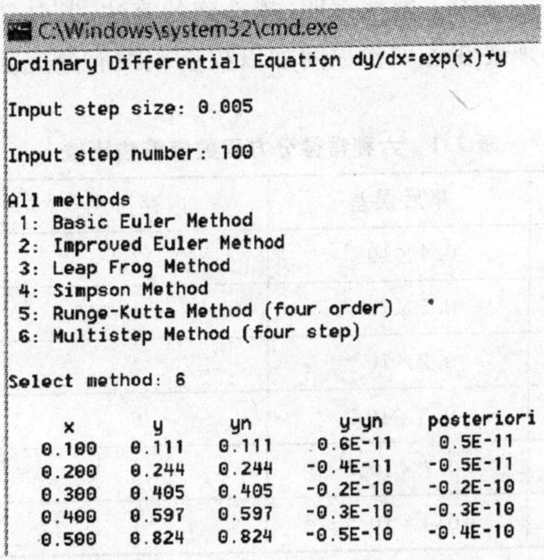
```
C:\Windows\system32\cmd.exe
Ordinary Differential Equation dy/dx=exp(x)+y

Input step size: 0.005

Input step number: 100

All methods
 1: Basic Euler Method
 2: Improved Euler Method
 3: Leap Frog Method
 4: Simpson Method
 5: Runge-Kutta Method (four order)
 6: Multistep Method (four step)

Select method: 6

     x         y        yn        y-yn     posteriori
   0.100     0.111    0.111     0.6E-11     0.5E-11
   0.200     0.244    0.244    -0.4E-11    -0.5E-11
   0.300     0.405    0.405    -0.2E-10    -0.2E-10
   0.400     0.597    0.597    -0.3E-10    -0.3E-10
   0.500     0.824    0.824    -0.5E-10    -0.4E-10
```

图 7-6 四步四阶 Adams 算法的数值计算结果

第 5 节　算法稳定性分析

目前一共介绍了 6 种代表性的常微分方程数值算法,全部都提供了计算程序,其中包含三种单步方法(基本欧拉法、改进欧拉法和四阶 Runge-Kutta 方法)和三种多步方法(蛙跳算法、Simpson 算法和四阶 Adams 算法)。如此多的算法,需要我们仔细分析它们的性能,以便在实际计算时做出合理的选择。

这里首先定义三个标准来衡量算法的性能:误差、内存占用和计算量。算法误差是指计算得到的某个格点 x_n 上的函数值 y_n 与理论值之间的差值,用 δy_n 来表示。前面几节讨论都指出,迭代算法的余项公式或误差都与步长相关,理论上步长越小,结果越准确,具体误差可以由事后误差公式计算。另一方面,在同一步长下,各个算法对应的误差差距还是很悬殊的,有着明显的区别。我们一般都倾向于选择 Runge-Kutta 之类的高阶算法,但实际计算的时候,受计算机硬件限制,还得考虑其他因素,这就包括内存占用和计算量。内存占用是指,每次迭代调用算法时,程序需要同时保留多少内存空间来存储格点上的函数和导数数据,这一点对于超大体系来说非常重要。例如,模拟微观分子运动的时候,其中包含的原子数目动辄上万,这必然会消耗大量的计算机内存,增加内存收集和寻址时间,甚至可能超出物理内存,成为计算瓶颈。另一个不得不考虑的因素就是计算量,即每步迭代时,当前算法一共需要计算多少次导数(即微分方程右边的表达式),在实际计算中,绝大多数时间都会被消耗在它们上面,次数越多,就意味着计算时间越长,如果程序不能在有限时间内完成计算,再高阶的算法也会失去使用价值。

现在,我们把所有算法的内存占用(格点变量 y_n 和 f_n 的个数)和计算量(调用微分方程定义子程序 getODEInfo 的次数),以及解常微分方程 $\mathrm{d}y/\mathrm{d}x = e^x + y$ 得到的事后误差,都列举在表 7-1 中。数据表明,越准确的算法,其计算量越大,占用的内存也越多,实际计算时必须要在各项参数间加以权衡。没有最完美的算法,只有最合适的算法。

表 7-1　六种常微分方程数值算法比较

算法	事后误差	内存占用	计算量
基本欧拉法	0.4×10^{-2}	2	1
改进欧拉法	0.5×10^{-5}	4	2
蛙跳算法	0.2×10^{-4}	4	1
Simpson 方法	0.3×10^{-5}	6	2
四阶 Runge-Kutta 方法	0.7×10^{-11}	6	4
四步显式 Adams 方法	0.4×10^{-10}	7	2

　　上述参数中,我们最关心算法的误差,它体现了当前格点上计算结果的可信度。现在要从另外一个角度来讨论算法的性能,这就是稳定性,它反映了计算过程中误差在连续格点上的传递关系,算法是否实用完全由它决定,因此更为重要。

　　如果在某一步迭代时,当前格点 x_n 上具有一个误差 δy_n,那么到了下一个格点 x_{n+1} 上,其误差 δy_{n+1} 可以表示为

$$\delta y_{n+1} = g\delta y_n \tag{7.52}$$

公式中的常数 g 视为稳定参数,如果 $|g| \leqslant 1$,则说明连续迭代过程中误差 δy_{n+1} 较以前没有放大,计算结果稳定;反之,如果 $|g| > 1$,则说明误差逐步放大,结果不稳定。这里要强调的一点是,算法的稳定性(或 $|g|$ 的大小)与当前格点上的误差(δy_n)并不是完全相关的,对于具体的微分方程,高阶算法不一定就比低阶算法稳定,或者说,某个算法在当前迭代时误差很小,未必能够保证以后的累积误差也会很小。因此,在实际应用中,首先要排除那些在迭代中不稳定的算法,其次才是从留下的算法中挑选迭代误差更小的高阶算法。

　　为了具体了解算法的稳定性,给出下面的算法通式,即下一个格点上的函数值 y_{n+1},都是根据前一个或多个格点上的函数值或导数值计算出来的,即

$$\begin{cases} y_{n+1} = F(y_n, f_n, y_{n-1}, f_{n-1}, \cdots) \\ y_0 = y(x_0) \end{cases} \tag{7.53}$$

　　函数 $F(y_n, f_n, y_{n-1}, f_{n-1}, \cdots)$ 为迭代函数,具体形式与算法相关。让迭代函数 F 对所有自变量做多元函数泰勒展开

$$\delta y_{n+1} = \frac{\partial F}{\partial y_n}\delta y_n + \frac{\partial F}{\partial y_{n-1}}\delta y_{n-1} + \cdots \tag{7.54}$$

然后将式(7.52)代入式(7.54),求出 g 的表达式,就可以判断算法的稳定性了。

　　下面来看最简单的基本欧拉法。它用的是左矩形积分,迭代函数 $F = y_n + hf(x_n, y_n)$,它仅包含 y_n,故做一元泰勒展开

$$\delta y_{n+1} = \frac{\partial F}{\partial y_n}\delta y_n = \left[1 + h\frac{\partial f(x_n, y_n)}{\partial y_n}\right]\delta y_n \tag{7.55}$$

与式(7.52)一起比对,得到基本欧拉法的稳定参数为

$$g = 1 + h\frac{\partial f(x_n, y_n)}{\partial y_n} \tag{7.56}$$

　　我们发现,如果函数 $f(x_n, y_n)$ 不显含 y_n,那么 $|g| = 1$,基本欧拉法的计算结果始终是稳定的。比如常微分方程 $\mathrm{d}y/\mathrm{d}x = x^2$,无论步长取多少,连续迭代的误差都不会放大(不过前后误差仍然会累积)。如果 $f(x_n, y_n)$ 显含 y_n,则还要看步长 h 的选择,它们共同决定了 $|g|$ 的大小和算法最终的稳定性。

　　再来试着判断改进欧拉法(同时也是二阶 Runge-Kutta 方法)的稳定性。因为它属于隐式公式,分析起来会稍微复杂一些,改进欧拉法的迭代公式为

$$y_{n+1} = y_n + \frac{h}{2}\left[f(x_n, y_n) + f(x_{n+1}, y_{n+1})\right] = F(y_n, y_{n+1}) \tag{7.57}$$

表面上看它有两个变量：y_n 和 y_{n+1}，本应该先按照式(7.54)做二元泰勒展开

$$\delta y_{n+1} = \delta y_n + \frac{h}{2} \frac{\partial f(x_n, y_n)}{\partial y_n} \delta y_n + \frac{h}{2} \frac{\partial f(x_{n+1}, y_{n+1})}{\partial y_{n+1}} \delta y_{n+1} \tag{7.58}$$

然后整理，得

$$\delta y_{n+1} = \left[\frac{1 + \dfrac{h}{2} \dfrac{\partial f(x_n, y_n)}{\partial y_n}}{1 - \dfrac{h}{2} \dfrac{\partial f(x_{n+1}, y_{n+1})}{\partial y_{n+1}}} \right] \delta y_n \tag{7.59}$$

括号中的项即为稳定参数。但是实际迭代时，所有隐式公式中的 y_{n+1} 并没有移项合并，而是用其他显式公式另行计算（这里用的是基本欧拉法，迭代函数 F 仅包含 y_n），所以改进欧拉法实际上只有一个变量 y_n，按照链式法则做一元函数泰勒展开

$$\delta y_{n+1} = \delta y_n + \frac{h}{2} \frac{\partial f_n}{\partial y_n} \delta y_n + \frac{h}{2} \frac{\partial f_{n+1}}{\partial y_{n+1}} \frac{\partial y_{n+1}}{\partial y_n} \delta y_n$$

$$= \delta y_n + \frac{h}{2} \frac{\partial f_n}{\partial y_n} \delta y_n + \frac{h}{2} \left(\frac{\partial f_{n+1}}{\partial y_{n+1}} \right) \left(1 + h \frac{\partial f_n}{\partial y_n} \right) \delta y_n$$

$$= \left(1 + \frac{h}{2} \frac{\partial f_n}{\partial y_n} + \frac{h}{2} \frac{\partial f_{n+1}}{\partial y_{n+1}} + \frac{h^2}{2} \frac{\partial f_{n+1}}{\partial y_{n+1}} \frac{\partial f_n}{\partial y_n} \right) \delta y_n \tag{7.60}$$

这里为了简化公式，令 $f(x_n, y_n) = f_n$，$f(x_{n+1}, y_{n+1}) = f_{n+1}$，上式括号中的项才是改进欧拉法的稳定参数 g，以常微分方程 $\mathrm{d}y/\mathrm{d}x = -\lambda y$（$\lambda > 0$）为例，计算稳定参数为

$$g = 1 - \lambda h + \lambda^2 \frac{h^2}{2} \tag{7.61}$$

稳定判据要求 $|g| \leqslant 1$，即 $h \leqslant 2/\lambda$，只有步长满足了这个条件，改进欧拉法才能保持稳定迭代。

前面都是判断单步方法的稳定性，现在来看多步方法。为简单起见，这里只分析蛙跳算法，它的迭代公式为 $F = y_{n-1} + 2hf(x_n, y_n)$，显然其中包含了 y_n 和 y_{n-1} 两个变量，故需要做二元泰勒展开

$$\delta y_{n+1} = \frac{\partial F}{\partial y_{n-1}} \delta y_{n-1} + \frac{\partial F}{\partial y_n} \delta y_n = \delta y_{n-1} + 2h \frac{\partial f_n}{\partial y_n} \delta y_n \tag{7.62}$$

然后将式(7.52)连续使用两步 $\delta y_{n+1} = g^2 \delta y_{n-1}$，代入式(7.62)，有

$$g^2 \delta y_{n-1} = \delta y_{n-1} + 2h \frac{\partial f_n}{\partial y_n} g \delta y_{n-1} \tag{7.63}$$

消去 δy_{n-1}，有

$$g^2 - 2h \frac{\partial f_n}{\partial y_n} g - 1 = 0 \tag{7.64}$$

求根得到稳定参数 g 为

$$g_{1,2} = h \frac{\partial f_n}{\partial y_n} \pm \sqrt{h^2 \left(\frac{\partial f_n}{\partial y_n} \right)^2 + 1} \tag{7.65}$$

结果显示,蛙跳算法的稳定性同样依赖于迭代步长 h 和常微分方程的具体定义式 $f(x,y)$。

如果多步方法中包含的步数过多,解上述高次方程得到稳定参数 g 并不容易,还可以用矩阵形式来判定多步方法的稳定性。先给出线性多步法公式

$$y_{n+1} = \sum_{i=0}^{r} \alpha_i y_{n-i} + h \sum_{i=-1}^{r} \beta_i f_{n-i} \tag{7.66}$$

做多元函数泰勒展开(这里只考虑显式公式)

$$\delta y_{n+1} = \sum_{i=0}^{r} \left(\alpha_i + h\beta_i \frac{\partial f_{n-i}}{\partial y_{n-i}} \right) \delta y_{n-i} \tag{7.67}$$

写成矩阵形式

$$\begin{bmatrix} \delta y_{n+1} \\ \delta y_n \\ \vdots \\ \delta y_{n-r+1} \end{bmatrix} = \begin{bmatrix} \alpha_0 + h\beta_0 \dfrac{\partial f_n}{\partial y_n} & \alpha_1 + h\beta_1 \dfrac{\partial f_{n-1}}{\partial y_{n-1}} & \cdots & \alpha_r + h\beta_r \dfrac{\partial f_{n-r}}{\partial y_{n-r}} \\ 1 & 0 & \cdots & 0 \\ \vdots & 1 & \ddots & \vdots \\ 0 & & 1 & 0 \end{bmatrix} \begin{bmatrix} \delta y_n \\ \delta y_{n-1} \\ \vdots \\ \delta y_{n-r} \end{bmatrix} \tag{7.68}$$

稳定性判据要求式(7.68)左侧列向量在迭代过程中不断减少。第三章中已有过类似的讨论,在用 Jacobi 迭代法解线性方程组时,要保证解向量迭代收敛,必须要求迭代矩阵 G 的谱半径 ρ(即绝对值最大的本征值)小于 1。因此,只要解出了上述矩阵的所有本征值,即可判定多步算法的稳定性了。

回来再看蛙跳算法解微分方程 $dy/dx = -\lambda y$($\lambda > 0$)。以矩阵形式列出其误差传递公式

$$\begin{bmatrix} \delta y_{n+1} \\ \delta y_n \end{bmatrix} = \begin{pmatrix} -2\lambda h & 1 \\ 1 & 0 \end{pmatrix} \begin{bmatrix} \delta y_n \\ \delta y_{n-1} \end{bmatrix} \tag{7.69}$$

相应的特征多项式(g 为本征值)为

$$\begin{vmatrix} -2\lambda h - g & 1 \\ 1 & -g \end{vmatrix} = 0 \tag{7.70}$$

计算所有本征值为

$$g_{1,2} = -\lambda h \pm \sqrt{\lambda^2 h^2 + 1} \tag{7.71}$$

可以发现,其中一个本征值的绝对值大于 1,因此,蛙跳算法解该微分方程始终是不稳定的。可见在数值计算中,并没有通用算法,必须要谨慎选择。

第 6 节　高阶微分方程

物理学上普遍存在的是高阶微分方程,最简单的情形就是谐振子振动方程

$$\frac{d^2 r}{dt^2} = -\omega^2 r \tag{7.72}$$

这是一个二阶常微分方程,方程中 ω 是振动频率(常数),而 r 是质点相对于平衡位置的偏移,t 则为时间。可以分解处理这一高阶方程,即引入质点运动速度 v,将它分解成两个一阶方程,即

$$\frac{\mathrm{d}r(t)}{\mathrm{d}t}=v(t), \quad \frac{\mathrm{d}v(t)}{\mathrm{d}t}=-\omega^2 r(t) \tag{7.73}$$

这样就可以很方便地使用前面介绍的一系列数值算法来做迭代了。在迭代之初,还必须为每一个一阶微分方程设定初始条件,即初始位移和初始速度。

先来使用基本欧拉法,有单步迭代公式(步长 h)

$$\begin{cases} r_{n+1}=r_n+hv_n \\ v_{n+1}=v_n-\omega^2 hr_n \end{cases} \tag{7.74}$$

将 r_{n+1} 和 v_{n+1} 分别做二元泰勒展开,并改写成矩阵形式

$$\begin{pmatrix} \delta r_{n+1} \\ \delta v_{n+1} \end{pmatrix} = \begin{pmatrix} 1 & h \\ -\omega^2 h & 1 \end{pmatrix} \begin{pmatrix} \delta r_n \\ \delta v_n \end{pmatrix} \tag{7.75}$$

与上一小节一样,通过计算误差传递矩阵的本征值来判定稳定性,其特征多项式为

$$\begin{vmatrix} 1-g & h \\ -\omega^2 h & 1-g \end{vmatrix} = 0 \tag{7.76}$$

得到本征值 $g_{1,2}=1\pm i\omega h$,两个本征值都为虚数且模大于 1,所以基本欧拉法计算谐振子方程是不稳定的。

那多步方法,比如蛙跳算法的表现会怎样呢? 先给出两步迭代公式(步长为 h)

$$\begin{cases} r_{n+1}=r_{n-1}+2hv_n \\ v_{n+1}=v_{n-1}-\omega^2 2hr_n \end{cases} \tag{7.77}$$

再次对 r_{n+1} 和 v_{n+1} 做二元泰勒展开,并改写成矩阵形式

$$\begin{pmatrix} \delta r_{n+1} \\ \delta v_{n+1} \\ \delta r_n \\ \delta v_n \end{pmatrix} = \begin{pmatrix} 0 & 2h & 1 & 0 \\ -\omega^2 2h & 0 & 0 & 1 \\ 1 & 0 & 0 & 0 \\ 0 & 1 & 0 & 0 \end{pmatrix} \begin{pmatrix} \delta r_n \\ \delta v_n \\ \delta r_{n-1} \\ \delta v_{n-1} \end{pmatrix} \tag{7.78}$$

同样给出特征多项式

$$\begin{vmatrix} -g & 2h & 1 & 0 \\ -\omega^2 2h & -g & 0 & 1 \\ 1 & 0 & -g & 0 \\ 0 & 1 & 0 & -g \end{vmatrix} = 0 \tag{7.79}$$

展开后发现矩阵本征值 $|g_{1,2}|=1$,所以用蛙跳算法解谐振子方程是稳定的。

为验证上述结论,给出基本欧拉法和蛙跳算法解谐振子方程的程序代码。

```
! 基本欧拉法解二阶常微分方程
subroutine OscillatorBasicEuler(h,rn,vn)
   real * 8,intent(in)::h
   real * 8,intent(inout)::rn,vn
   real * 8::an,tn
! 计算质点的加速度
   call OscillatorODE(tn,rn,an)
! 更新质点的位移和速度
   rn=rn+h * vn
   vn=vn+h * an
end subroutine
```

```
! 蛙跳算法解二阶常微分方程
subroutine OscillatorLeapFrog(h,rn,vn)
   real * 8,intent(in)::h
   real * 8,intent(inout)::rn,vn
   real * 8::an,tn,tprn,tpvn
   real * 8,save::prern,prevn
   logical,save::ifstarted
! 计算质点的加速度
   call OscillatorODE(tn,rn,an); tprn=rn; tpvn=vn
! 首次迭代,设定 h 时刻的质点位移
   if (ifstarted .eqv. .false.) then
      prern=rn-vn * h; prevn=vn-an * h; ifstarted=.true.
   end if
! 更新质点的位移和速度
   rn=prern+2.0d0 * h * vn
   vn=prevn+2.0d0 * h * an
! 缓存当前位移和速度
   prern=tprn; prevn=tpvn
end subroutine
```

两个子程序中的参数 h、rn、vn 分别表示迭代步长、当前坐标和当前速度。这两个子程序仅在原有一阶方程算法实现代码的基础上做了稍许修改。调用这两种算法的主程序如下。

```
program main
   use Comphy_ODE
   implicit none
   integer:: nstep,istep,imethod
```

```fortran
    real * 8:: rn(2),vn(2),h,t,r
    interface
      subroutine OscillatorODE(t,r,a)
        real * 8,intent(in):: t
        real * 8,intent(inout):: r
        real * 8,intent(out),optional:: a
      end subroutine
    end interface

! 设定质点的初始位移和初始速度
    rn(1:2)=1.0d0; vn(1:2)=0.0d0
! 设定迭代步长和迭代步数
    h=0.01; nstep=10000
    print "(a)","     Time     Solution     BasicEuler error     LeapFrog error"
! 开始调用数值算法解谐振子方程
    do istep=1,nstep
      call OscillatorBasicEuler(h,rn(1),vn(1))          ! 基本欧拉法
      call OscillatorLeapFrog(h,rn(2),vn(2))            ! 蛙跳算法
      t=t+h
      call OscillatorODE(t,r)                           ! 解析解
      if (mod(istep,2000)==0) print "(2f10.3,3x,2(f8.3,e11.1e2,2x))",t,r, &
                rn(1),r-rn(1),rn(2),r-rn(2)
    end do
    print *
end subroutine

! 定义谐振子方程 d2r/dt2=-omiga2 * x
subroutine OscillatorODE(t,r,a)
  real * 8,intent(in):: t
  real * 8,intent(inout):: r
  real * 8,intent(out),optional:: a
  real * 8,parameter:: omiga=1.0d0
  if (.not. present(a)) then
! 若没有输入参数 a,则输出解析解
    r=cos(omiga * t)
  else
! 若有输入参数 a,则计算质点坐标算出其加速度
    a=-(omiga * * 2) * r
  end if
end subroutine
```

代码中的子程序 OscillatorODE 定义了谐振子满足的微分方程,它可以根据需要计算质点的加速度($a(t) = -\omega^2 r(t)$)或是准确位移(解析解 $r(t) = \cos(\omega t)$)。设初始条件为 $r(0) = 1.0, v(0) = 0.0$,并设步长为 $h = 0.01$,计算结果如图 7-7 所示。

```
C:\Windows\system32\cmd.exe

 Time     Solution   BasicEuler  error      LeapFrog    error
 20.000    0.408      0.452     -0.4E-01     0.408      0.3E-03
 40.000   -0.667     -0.813      0.1E+00    -0.667      0.5E-03
 60.000   -0.952     -1.286      0.3E+00    -0.952     -0.3E-03
 80.000   -0.110     -0.169      0.6E-01    -0.109     -0.1E-02
100.000    0.862      1.419     -0.6E+00     0.863     -0.8E-03
```

图 7-7 基本欧拉法和蛙跳算法解谐振子方程的计算结果

图 7-7 中,第 1 列是时间,第 2 列是解析解,第 3、4 列分别是基本欧拉法的计算结果和误差,第 5、6 列分别是蛙跳算法的结果和误差(这里的误差没有使用事后误差估计,而是直接计算和解析解之间的绝对误差)。我们发现,迭代 10000 步($t = 100.0$)以后,基本欧拉法得到的位移已经超过了初始位移,也就是最大位移,说明迭代结果已经没有了物理意义,而蛙跳算法的结果始终与解析解吻合得很好,这就印证了之前稳定性分析所下的结论。

最后来探讨一下初值条件(或称边界条件)。因为解一阶方程就意味着做一次积分,必然会引入一个积分常数,也就是需要一个边界条件。所以 n 阶常微分方程自然需要 n 个边界条件了。不同的物理问题,具体给出的边界条件也会不同,比如二阶常微分方程(7.72),可以设定质点的初始位移和初始速度,即 $r(t_0) = c_0, v(t_0) = c_1$($c_0$ 和 c_1 都是常数),这种单边形式的边界条件自然可以采用之前的分解降阶策略来处理。但是边界条件还有其他形式,比如限定了质点 t_0 时刻的初始位移和 t_1 时刻的最终位移(等同于 Dirichlet 边界条件),或者限定了质点 t_0 时刻的初始速度和 t_1 时刻的最终速度(等同于 Neumann 边界条件),它们都是双边形式的边界条件。例如,在用 Poisson 方程解静电场时,Dirichlet 边界条件意味着封闭边界上电势为常数,Neumann 边界条件则限定了边界上电势的导数即电场强度为常数,对于具有此类边界条件的微分方程,可以使用有限差分法或打靶法来求解,这里不再叙述。

附录(快速傅立叶变换程序)

```fortran
program main
  implicit none
  integer:: ndata,i
  complex,allocatable,dimension(:):: signal,freq,tpsignal

  ndata=2**4
  allocate(signal(0:ndata-1),freq(0:ndata-1),tpsignal(0:ndata-1))
  signal(:)=0.0d0
  do i=0,ndata-1
    signal(i)=cmplx(dble(i)**2,0.0d0)
  end do
  call dfft(ndata,signal,freq,1)
  call dfft(ndata,freq,tpsignal,-1)
  do i=0,ndata-1
    print "(a,i5,4f12.3)","dft result ",i,signal(i),tpsignal(i)
  end do
  pause
end program

subroutine dfft(ndata,signalin,signalout,direction)
  implicit none
  integer:: ndata,direction
  complex,intent(in):: signalin(0:ndata-1)
  complex,intent(out):: signalout(0:ndata-1)
  integer:: rlevel,totlevel,p,i,j,ngap,gapsize,igap
  real*8:: tpangle
  complex:: w,tpcomplex,tpsignal(0:ndata-1)

  totlevel=int(log(dble(ndata))/log(dble(2.0d0)))
  tpangle=-dble(direction)*2.0d0*acos(-1.0d0)/dble(ndata)
  w=cmplx(cos(tpangle),sin(tpangle))
  tpsignal(:)=signalin(:)
  do rlevel=1,totlevel
    gapsize=ndata/(2**rlevel)
    ngap=ndata/(2*gapsize)
    do igap=1,ngap
```

```
      do i＝(igap－1) * 2 * gapsize,igap * 2 * gapsize－gapsize－1
        call getexp(totlevel,rlevel,i,p)
        tpcomplex＝tpsignal(i＋gapsize) * (w * * p)
        tpsignal(i＋gapsize)＝tpsignal(i)－tpcomplex
        tpsignal(i)＝tpsignal(i)＋tpcomplex
      end do
    end do
  end do
  do i＝0,ndata－1
    call resort(totlevel,i,j)
    signalout(i)＝tpsignal(j)
    if (direction＝＝－1) signalout(i)＝signalout(i)/dble(ndata)
  end do
contains

subroutine getexp(bitsize,rlevel,i,p)
  implicit none
  integer,intent(in)：：bitsize,rlevel,i
  integer,intent(out)：：p
  integer：：tpnum,ibit
  tpnum＝ishl(i,－(bitsize－rlevel))
  p＝0
  do ibit＝0,bitsize－1
    p＝p+ibits(tpnum,ibit,1) * (2 * * (bitsize－ibit－1))
  end do
end subroutine

subroutine resort(bitsize,iorder,jorder)
  implicit none
  integer,intent(in)：：bitsize,iorder
  integer,intent(out)：：jorder
  integer：：ibit
  jorder＝0
  do ibit＝0,bitsize－1
    jorder＝jorder+ibits(iorder,ibit,1) * (2 * * (bitsize－ibit－1))
  end do
end subroutine

end subroutine
```

参考文献

[1] 张诚坚,何南忠. 计算方法[M]. 北京:高等教育出版社,2008.

[2] 林成森. 数值计算方法(上、下册)[M]. 北京:科学出版社,1999.

[3] 冯康. 数值计算方法[M]. 北京:国防工业出版社,1978.

[4] William H. Press, Saul A. Teukolsky, William T. Vetterling, et al. Numerical Recipes [M]. 3rd ed. Cambridge University Press,2007.

[5] Gene H. Golub, Charles F. Van Loan. Matrix Computations [M]. 3rd ed. The Johns Hopkins University Press,1996.

[6] Tao Pang. An Introduction to Computational Physics[M]. 2nd ed. Cambridge University Press,2006.